广东省教育科学规划课题
“3D 打印在中小学幼儿园教学中的应用探索”

3D 打印实例教程

邓小荣 著

陕西新华出版传媒集团
陕西科学技术出版社
Shaanxi Science and Technology Press
——西 安——

图书在版编目(CIP)数据

3D打印实例教程/邓小荣著. —西安：陕西科学技术出版社，2020.8
ISBN 978-7-5369-7839-3

Ⅰ.①3… Ⅱ.①邓… Ⅲ.①立体印刷-印刷术-教材 Ⅳ.①TS853

中国版本图书馆CIP数据核字(2020)第136705号

3D DAYIN SHILI JIAOCHENG
3D打印实例教程
邓小荣 著

责任编辑 高 曼 孙雨来
封面设计 朵云文化

出 版 者 陕西新华出版传媒集团 陕西科学技术出版社
西安市曲江新区登高路1388号陕西新华出版传媒产业大厦B座
电话（029）81205187 传真（029）81205155 邮编710061
http://www.snstp.com
发 行 者 陕西新华出版传媒集团 陕西科学技术出版社
电话(029)81205180 81206809
印　　刷 广东虎彩云印刷有限公司
规　　格 787mm×1092mm 16开本
印　　张 8.75
字　　数 150千字
版　　次 2020年8月第1版
2020年8月第1次印刷
书　　号 ISBN 978-7-5369-7839-3
定　　价 48.00元

作者简介

邓小荣，1985 年毕业于江西师范大学物理系，高级教师，从事物理、科学启蒙、创造学、3D 打印技术、智能硬件领域教育。

1996 年开设《创造学》课程，1998 年获全国中师物理说课比赛一等奖，2015 年主持广东省教育厅课题《3D 打印技术在中小学幼儿园教学中的应用探索》，2017 年被评为“珠海市十佳创客教师”。

资深创客，拥有 10 余项国家发明和实用新型专利，其中“脚动翻谱器”已投产，“极简饮水器”曾在中央电视台《我爱发明》中播出。

教学之余，善于总结，勤于笔耕，发表了一系列教育教学论文。近年来，充分利用互联网资源，在知名网站《图灵社区》《百度阅读》上发表文章 90 余篇，如《Micro:bit 实验教程》《极简科学》《中学物理知识疑难解析》《常用软件实用指南》《做一个现代创客》等，涉猎广泛，涵盖教学、计算机实用技术和教程，受到读者的广泛好评。

Preface 序

本人从事 STEM 教育始于 2016 年。

STEM 是科学（S）、技术（T）、工程（E）和数学（M）四门学科的统称。STEM 是一种跨学科的项目化学习模式，强调以学生为中心，强调真实情景，强调工程项目制作。

为什么会出现这样一种教育模式？重要原因在于旧的教育模式无法满足新时代人才发展的需求。未来的人才一定是既善于发现问题，又善于解决问题的创新型人才，如果在学生的整个求学阶段，灌输给他们的都是一些过时的、死记硬背的、不知道如何付诸实践的知识，如何能培养学生发现问题和解决问题的能力呢？

STEM 教育这些年的发展，一方面反映出教育界对分科教学培养模式、以老师为中心的传授模式、脱离真实情景的教育模式存在的弊端的担忧；另一方面也反映了教育界对跨学科学习、真实教学情景、工程教育的重视。STEM 教育的发展一定会坚定不移地朝着培养学生解决真实问题的方向推进。

真实问题的解决离不开工程制作，工程制作离不开工具的使用。在整个 STEM 教育里，工程制作的实现依赖各种工具的使用，其中很重要的一个工具就是3D打印。3D打印原被用于工业领域，用来制作一些少量、异形的结构件，因为如果采用传统模具制作的方式，会带来极高的成本，比如一些新产品的手版制作阶段。随着开源硬件运动的兴起，3D打印的成本不断降低，3D打印技术成为STEM教育中工程制作（包括创客教育）的优选项。

然而，有太多工具书或者课程在教授工具时，脱离了工程制作，也脱离了真实问题，这往往会给使用者（教师或者学生）带来某种知识上的断层，使其难以做到学以致用，导致很多时候知识的呈现是一种碎片模式，虽然看起来很舒服，讲得也头头是道，但就是不知道怎么去用它。另外一类经常出现的问题是，很多工具书习惯于按部就班地讲解操作步骤，学生或者老师一不留神错了之后就返回上一步。这种做法写起来省事，却剥夺了学生的“探索权”，也给“有要求”的传授者上了“紧箍咒”。这种模式不能培养创新型人才，只能批量输出熟练工。

这本书是写给初学者学习3D模型设计和打印的，完全适用于大部分的中小学场景。入门门槛低，又有一定的深度。更重要的是，邓小荣老师在书里刻意保留了一些探索的空间，比如有的地方故意出错，以期给学生留下深刻印象。全书采用虚拟人物对话的方式行文，风趣幽默，轻松活泼。

从我个人读完的感受看，这本书的结构大概是“3 + 1”的模式：“3”即用123D这款软件进行3D建模的基础操作，包括简单的建模工具、复杂的建模工具、设计思想和工程思想；“1”即3D打印技术。

相信大家从我的分类上可以看到，这不是一本简单罗列3D打印技巧的书，而是一本站在一个初学者的角度、对他从技法和思想上进行双螺旋式培养的书，不是先思想再技法，或者是先技法再思想。书里包含了大量的制作案例和习题，也把123D这款软件的各个功能介绍得非常细致；在书的末尾处还提供了知识点索引，方便读者阅读后根据需要快速检索；某些地方还提供了方便记忆的顺口溜，用心之处，不言而喻。

这本书值得推荐给大家，尤其是推荐给计划在中小学开设3D打印课程的教师使用。

辛海洋

2020年8月

Foreword 前言

3D 打印是一个新鲜事物，还没有真正走进公众的视野，所以关于这方面的书不多，即使有，也大多是泛泛介绍。3D 打印最关键的部分，是 3D 建模，这是制约初学者学习和使用 3D 打印的瓶颈。如果自己不能设计作品，只是下载别人的去打印，没有参与度，意义不大。

三维设计软件，不是一时半会儿就能学会的。那有没有让初学者快速入门并立即体验的三维设计软件呢？有，就是 Autodesk 公司推出的、面向初学者的免费软件 123D Design，本书是以这款软件为主线写作的教程。

本书试图以初学者的需求角度，从认识 3D、制作 3D、打印作品等方面，引导读者全面掌握和使用 3D 打印。

一般的软件教程，大多是下面这种模式：先把各个菜单或工具的功能讲清楚，然后通过实例学习使用，步骤很清楚，讲解也很详细，但是初学者按部就班地学习，往往会因一个小细节而卡住！

这是因为那些书的作者自己对软件很熟悉，就想当然地认为读者按图索骥一定不会出错。事实上，凡是有可能出错的地方，一定出错！一旦出错，学习效率就会大幅降低，学习热情也会受到打击。

道路以多歧亡羊。学习一种软件，不知道会遇到多少困扰，只有作者站在初学者的角度思考，充分考虑初学者的感受，写出来的教程才接地气。

笔者的3D打印知识是自学掌握的，对初学者的困扰感同身受。因此，笔者尝试用试错的模式来编写教程：在读者可能出错的地方，故意设置陷阱，让读者在错误中学习，贴合读者的感受，而不是给出一个完全正确的步骤。遇到问题，分析原因，给出解决办法。读者跟着操作，就像有老师站在身边一样，可以随时解答遇到的困扰。

教程中引入了3个主要角色：老师、小强、小明。小强代表普通学生，经常不假思索地提问和回答问题；小明很聪明，爱动脑，有创意，经常帮助小强解决问题；老师引导学生并答疑解惑，通过师生互动，突破难点。

本书的写作特点：从整体到局部，从粗到精，从易到难，循序渐进。教程有2条主线：实例和知识点。1个实例重点学习1类操作，通过21个精心设计的实例，全面掌握所有命令，并将37个知识点贯穿于其中。作品设计从简单的零件到实用小制作，同时在教学中渗入创造性思维，灌输创客理念。

邓小荣

2019年3月

Contents 目录

第1章 初识 3D

一、3D 打印原理

3D 是 three－dimensional 的缩写，就是三维图形。

一维是直线，比如时间。

二维是平面，比如字。

我们平时用的打印机就是打印二维的：打印头左右移动（一维），然后，进纸器前后移动（二维），就可以打印出平面的字来。

如果打完一个字后，再重复打一次，字有了厚度，就是三维的了。这就是 3D 打印。

没有，字糊了！

对不起，忘记告诉你了，3D 打印机与传统打印机最大的区别在于，它使用的“墨水”是实实在在的固体原材料。常用的原料有 ABS 树脂、PLA（再生塑料，聚乳酸）等。PLA 是使用可再生的植物资源（如玉米）所提出的淀粉原料制成的，具有良好的生物可降解性，是公认的环境友好材料。

当然，金属、普通塑料、食物、水泥等，都可以作为“墨水”。

这些材料本来是固体，在打印头中经加热变成液体，被挤出后，在空气中迅速冷却，又变成固体，所以是有厚度的。一层层地堆积，就是 3D 打印。

其实，现实生活中就有 3D 打印，比如在生日蛋糕上用巧克力写字，比如易熔枪、玻璃胶枪。唯一不同的是，它们是由人脑而不是电脑控制的。

二、3D 打印简史

1984 年，Charles Hull 在一家公司工作时萌生了 3D 打印的想法。这家公司利用紫外线使桌面涂料快速固化，他想，何不直接用这些材料来制造立体的东西？于是他将这种用瞬间固化的液体“打印”物体的技术命名为 stereolithography（光固化，简称 SLA），这就是 3D 打印的起源。

1988 年，Scott Crump 发明了另外一种 3D 打印技术——热熔解积压成型（简称 FDM），这种技术利用蜡、ABS、PC、尼龙等热塑性材料来制作物体。这是目前普及率最高的技术。

1989 年，C. R. Dechard 博士发明了选区激光烧结技术（简称 SLS），这是一种利用高强度激光将尼龙、蜡、ABS、金属和陶瓷等材料粉烧结成型的打印技术。

1993 年，麻省理工学院教授 Emanual Sachs 创造了一种三维打印技术（简称 3DP），这种技术是将金属、陶瓷的粉末通过黏结剂粘在一起而成型。

1995 年，麻省理工学院毕业生 JimBredt 和 TimAnderson 把约束溶剂挤压到粉末床上，实现了 3D 打印。

1996 年，3D Systems、Stratasys、Z Corporation 分别推出了自己的产品，第一次使用了“3D 打印机”的称谓。

2005 年，Z Croooration 推出了世界上第一台高精度彩色 3D 打印机——SpeC-TRum 2510，英国巴恩大学的 Adrian Bowyer 发起了开源 3D 打印机项目 RepRap，目标是通过 3D 打印机本身制造出另一台 3D 打印机。

2008 年，第一个基于 RepRap 的 3D 打印机发布，代号为“Darwin”，它的理念是：机器最终能自我复制。目前，它能够打印自身 50% 的元件。

这是一个了不起的打印机！因为它是开源的！正因为有了它，中国的 3D 打印才可能在极短的时间里迅速兴起。当前使用的 3D 打印机大多是这种类型。

2010 年 11 月，出现了第一台用巨型 3D 打印机打印出整个身躯的轿车。

2011 年 8 月，世界上第一架 3D 打印飞机由英国南安普敦大学的工程师创建完成。9 月，维也纳科技大学开发了更小、更轻、更便宜的 3D 打印机，这个超小 3D 打印机重 1.5 千克。

2012 年 3 月，维也纳大学的研究人员宣布，利用二光子平版印刷技术突破了 3D 打印的最小极限，展示了一辆长度不到 0.3mm 的赛车模型。7 月，比利时鲁汶国际大学的一个研究组测试了一辆几乎完全由 3D 打印的小型赛车，其车速达到了 140 千米/时。12 月，美国分布式防御组织成功测试了 3D 打印的枪支弹夹。

三、3D打印有什么用

那么,3D打印到底有什么用呢?

我们都知道,日常生活中用到的物品千千万万,但是,它们无非来自两个方面:手工制作或工业化生产。

手工制作一次只能做一件,效率低,且不可复制,每一件都是独一无二的,比如字画,所以价格比较贵。

工业化生产比较便宜,是因为它是利用模具生产的。但是,模具的成本相当高,少则几万,多则几百万,只适合大规模生产。

3D打印的好处:人们只管设计,它负责实现。而且,有些东西你可能只需要一个或几个,3D打印不需开模具,所以应用领域相当广泛。例如:

个性化:打个礼品送给女朋友。

工业设计:快速成型,不用开模。

医疗:打个耳朵。

食品:打个汉堡。

住房:打个房子。

教学:打个教具。

打件衣服,打架飞机,打零件,打个雕塑作品,打个玩具,打个人(扫描)……

3D打印非常适合个性化。总有一天,你的衣食住行,都可以被打印出来。

四、3D打印要用什么软件

用电脑打字,要学会使用word或wps等软件。同样,要打印3D作品,也要会使用相关的软件。

这个相关的软件,就是三维绘图软件。常用的有:Pro/E、UG、solidworks、3Dmax、Auto CAD、Rhino(犀牛)、Maya、Lightwave等。这些软件相当强大,可以用它们做出来日常生活用品,动画片也是它们做出来的。

令人遗憾的是,这些软件学起来太难,因为它们比我们平时见到的多出一维。多一维就是完全不同的世界。听说我们的宇宙是十一维的,似乎很难想象。

那么,普通人就没法学3D打印了吗?办法总比困难多。这世界上有很多厉害的人，他们总能把复杂的东西简单化。

有一个人创造了一个叫 SketchUp 的三维软件，中文名叫草图大师，可以很方便地创作三维图像。

著名的 Autodesk 公司为了让普通人能够快速掌握 3D 建模，开发了一款简易 3D 软件，叫 123D Design，可以说是简化的 AutoCAD。虽说简化，可不简单，基本能满足我们的需求。而且还有其他系列，如 123D Catch（图片转 3D，例如做 3D 人像）、123D Make（3D 转立体拼图）、123D Circuits（电路设计）、123D Sculpt +，等等，都是免费使用的。

还有一个更厉害的人，他发明了一个小巧的三维软件，叫 sculptris，可以理解为“泥人张”。打开软件，有一个泥球，用手（鼠标）去捏，拉拉扯扯，就能做出一个立体的图形，导出来就能打印。

五、3D 打印离我们有多远

3D 打印近几年发展得相当快。由于技术更新，成本大幅度下降，普及型打印机相当于智能手机的价格，是送给孩子的最好礼物。如果你动手能力强，可以购买配件自己组装，既省钱，又能学到知识。

第 2 章　建模软件安装　2

建模软件：AUTO DESK 123D Design。

推荐配置：win7，64 位，8G 内存，独立显卡。

1. 安装

下载后按提示安装：

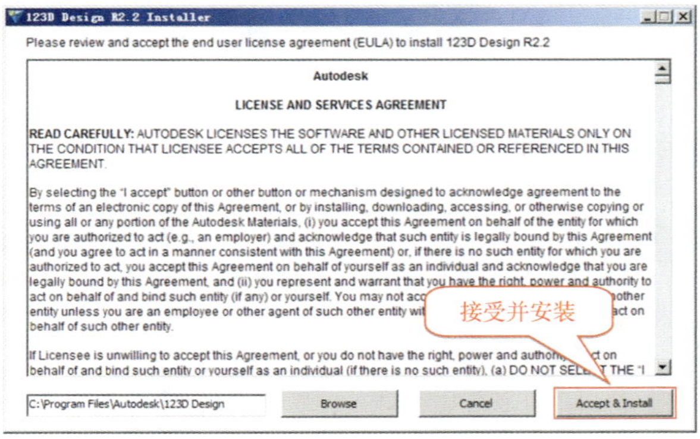

点击 Done(完成)。

桌面会有快捷方式:

打开软件,出现快速入门提示:

点击"Start a New Project"(新建项目)进入:

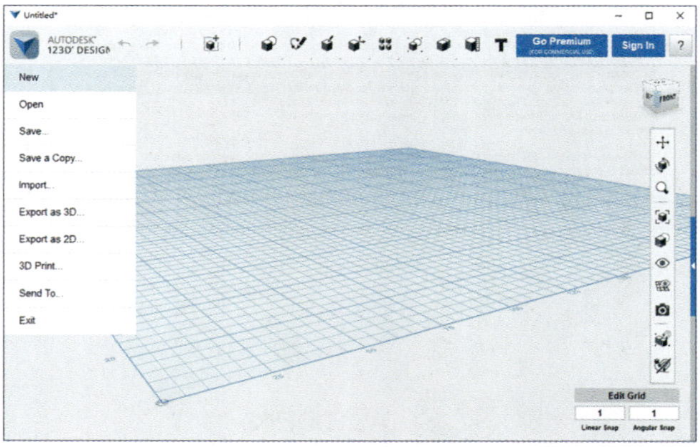

界面显示语言是英文。

2. 修改语言

点击右上角"?"(帮助),再点击"Preferences"(偏好):

选择“简体中文”，点击“OK”：

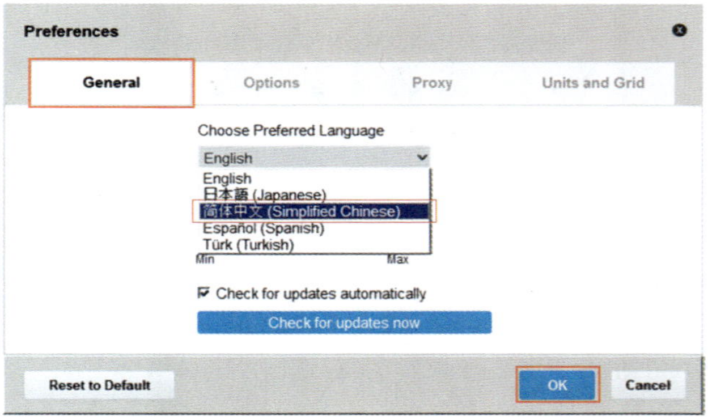

关闭并重启软件生效：

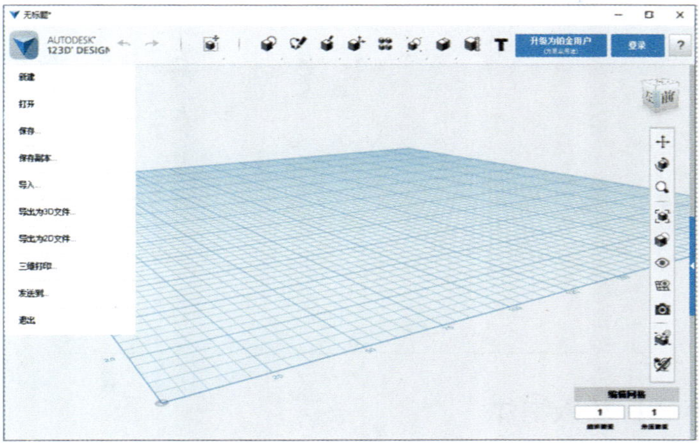

第 3 章 基本操作，做个陀螺

教学目标：认识界面、菜单、视图工具，调整视角、移动物体、缩放物体、对齐物体、吸附物体。

教学重点：基本几何体建模。

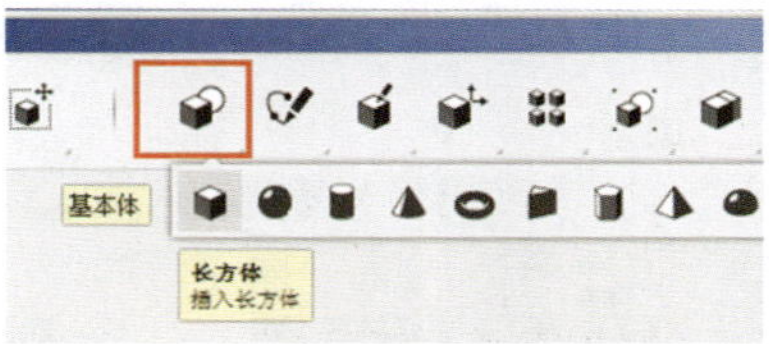

【知识点 1 】认识界面

界面分 3 部分：上面一行图标（菜单），右边一列图标（视图工具），中间一个淡蓝色的坐标（工作面，也是默认的参考平面）。没有文字菜单，全是图标。

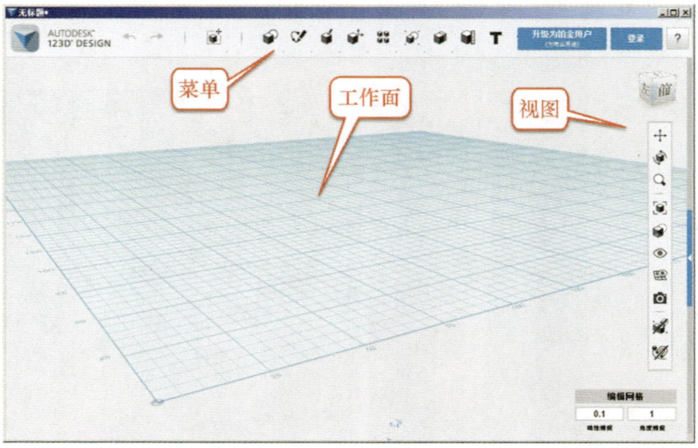

【知识点 2 】 放入物体

光标移到这里，会出现子菜单：

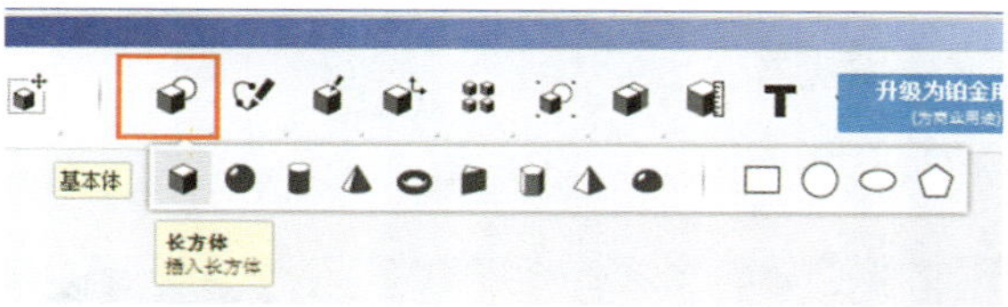

左边有 9 个立体的图形，右边有 4 个平面的图形，都是常用的几何体。点击左边任意一个几何体，松开鼠标，移动光标到蓝色的工作面上，再点击鼠标左键（后面简称“点击”），物体就进来了：

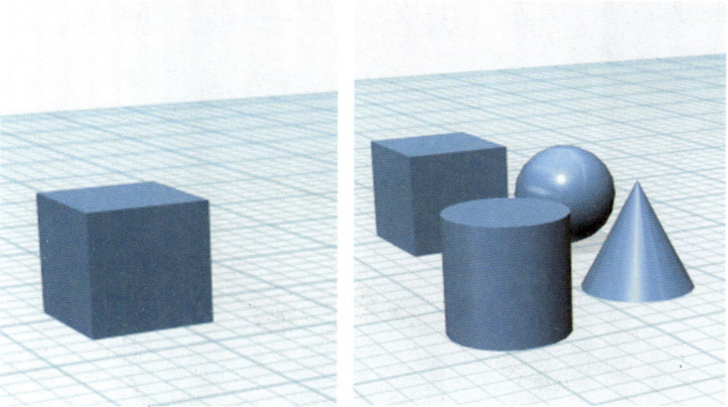

将新建的物体都放在工作面上。

【知识点 3】 删除物体

点击几何体，物体四周出现蓝色光，表明物体被选中：

按下键盘上的“Delete”即可删除。

也可以用鼠标拉一个框全部选中（框选），再按“Delete” 键删除。

下来开始做第一个作品。

实例一 棒棒糖

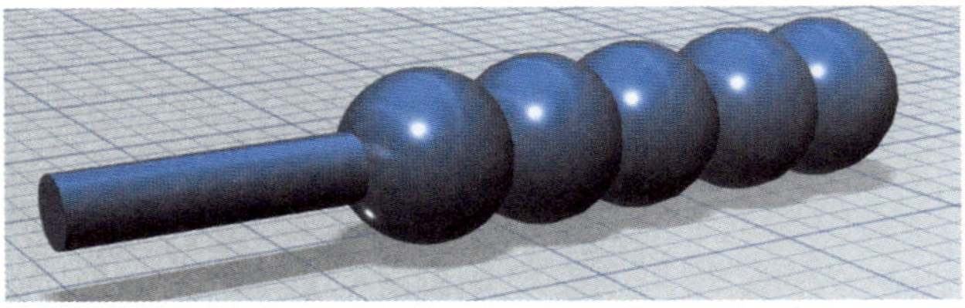

建模思路：放 5 个球（糖葫芦），再放 1 个圆柱体（棍子）串起来。

1. 做糖葫芦

放 5 个球：

【知识点 4】 移动物体

将光标移到物体上，按住鼠标左键拖动，就可以移动几何体。将它们一个挨一个地排成一条直线：

真的在一条直线上了吗？不一定！

记住，我们现在画的是三维图，可是电脑屏幕是平面的（二维），所以我们看到的只是一个角度的视图，换个角度就不一样了。从上面看其实是这样的：

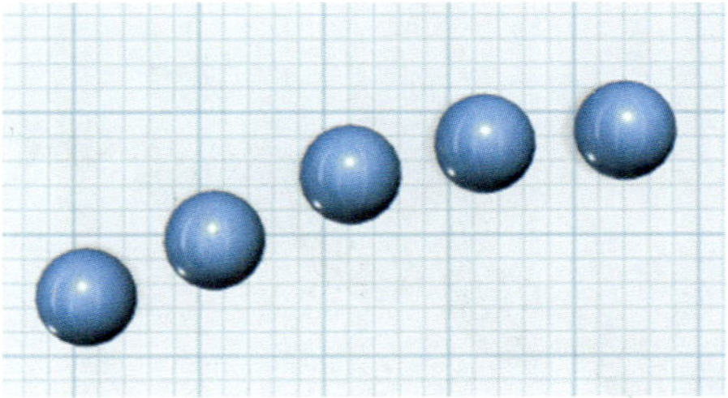

小强：怎么会这样？你是怎么看的？

【知识点 5】 视图操作

1）鼠标操作

要用到中键和右键：

（1）按住中键拖动鼠标，可以平移工作面；

（2）滚动中键，可以缩放视图；

（3）按住右键，拖动鼠标，可以随意改变视角。

2）视图工具操作

右边视图工具上也有这 3 个功能，上方还有一个视图立方体，点击可快速切换到各方向视图，比如前视图、左视图、上视图等。

视图立方体左上角还有一个默认视图按钮（小房子），如果视角有点乱，点击它可以立即回到默认视图。

点击视图立方体上的“上视图”(就是从上方观察),拖动小球,基本可以保证它们一个挨一个地排整齐。

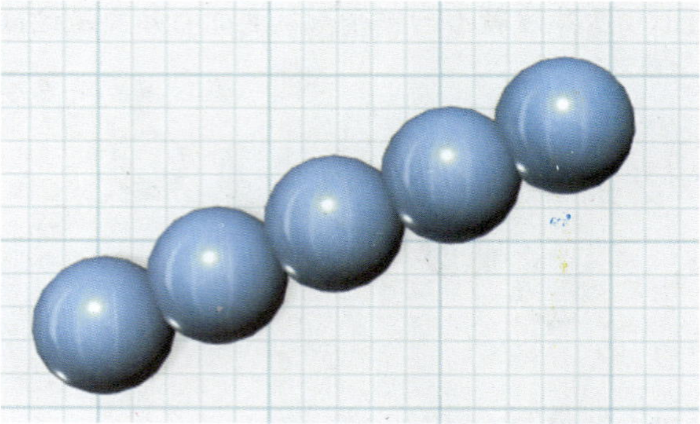

小明:老师,既然是三维的,那你只从上视图看,怎么能保证它们在一个高度上?会不会有的高有的低?

老师:问得好!到目前为止,无论怎么移动,这些物体都是贴紧工作面的,没有改变高度。这是因为,我们放入的物体都是以工作面为默认参考面的,也就是说,是放在工作面上的,即使拖动物体它也只能在工作面上移动!

3)视图操作记忆口诀

左顾右盼拖右键

放大缩小滚中键

按住中键平平移

头晕眼花回房间

2. 做棍子

放进一个圆柱体做棍子:

棍子太短,要拉长点。

【知识点 6】 缩放物体

点击圆柱体，将光标移到菜单“变换”上，出现子菜单：

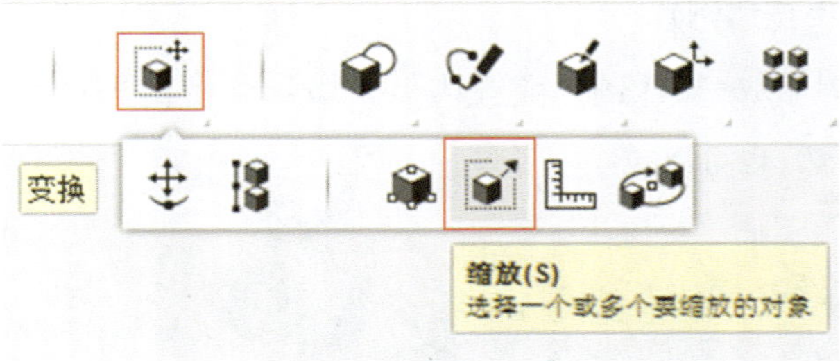

点击子菜单“缩放”，出现一个箭头，拖动它，就能放大缩小：

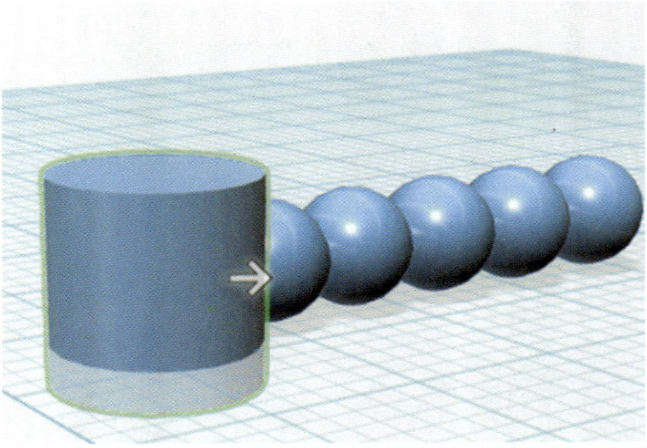

小明：土肥圆呀？我要它变长、变细，不要变粗！

老师：可以。仔细看一下，点中缩放后的对话框，有 2 个选项，点击第一个小三角：

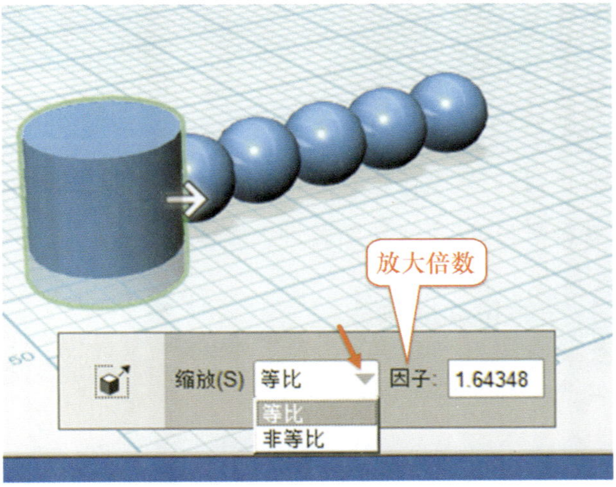

有2种选择：

(1)等比(按比例)；

(2)非等比(不按比例)。

默认是按比例缩放的。选中“非等比”，会出现3个箭头，分别是拉长、拉宽、拉高，各拉各的。当然，也可以拉小：

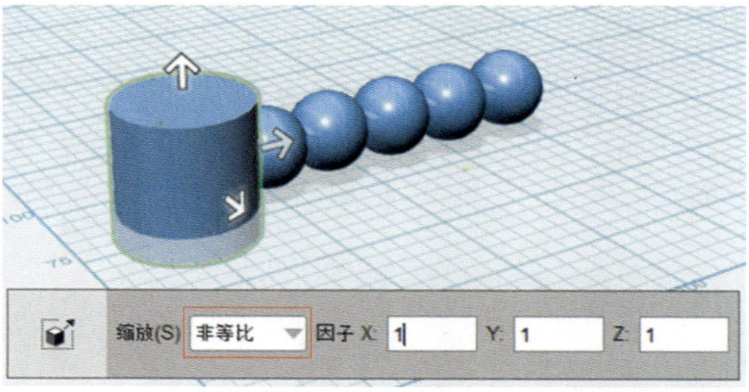

建议先按比例整体拉小，再单独拉高：

小强：得横过来吧？

老师：到目前为止，我们只能在参考面上移动物体，不能上下移动和旋转。要随心所欲地变换物体，就得学习“终极大法”：乾坤大挪移。

【知识点7】 全方位移动物体

点击圆柱体，将光标移到菜单“变换”上：

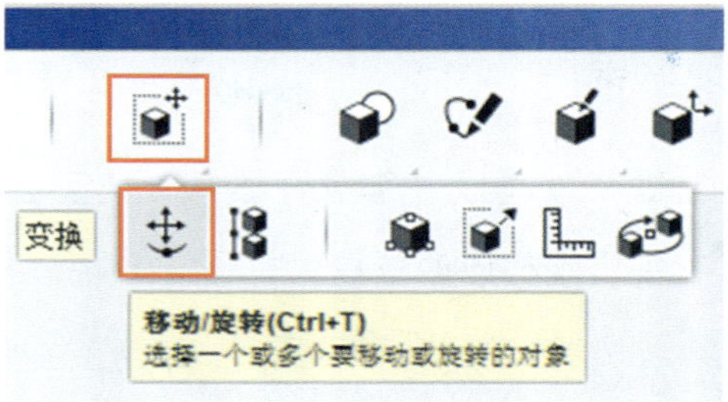

点击子菜单“移动/旋转”，出现 3 个箭头、3 个小方块和白色圆点，还有 3 个带双箭头的小圆圈：

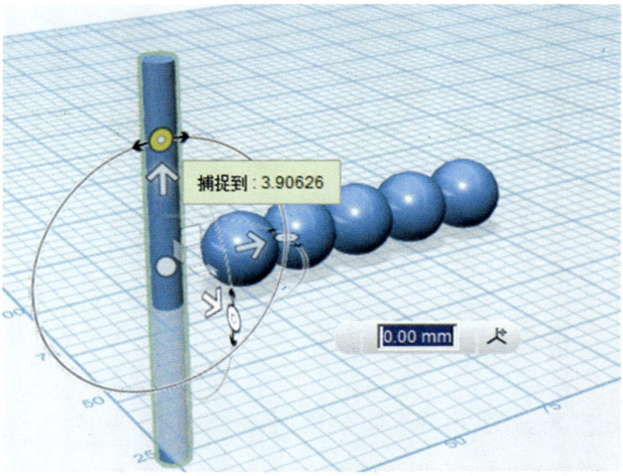

(1)3 个箭头：拖动它们，可以分别在 X、Y、Z 3 个方向移动物体；

(2)3 个小方块：拖动它们，可以分别在 XY、YZ、ZX 3 个面内移动物体；

(3)白色圆点：拖动它可以在任意方向移动物体(一定要变换不同视角观察，否则都不知道移到哪里去了)；

(4)3 个带双箭头的小圆圈：拖动它们，可以分别绕 X、Y、Z 轴转动物体。

拖上面那个带双箭头的小圆圈，旋转 90°；再拖右边的白色小箭头，把棍子插入小球中：

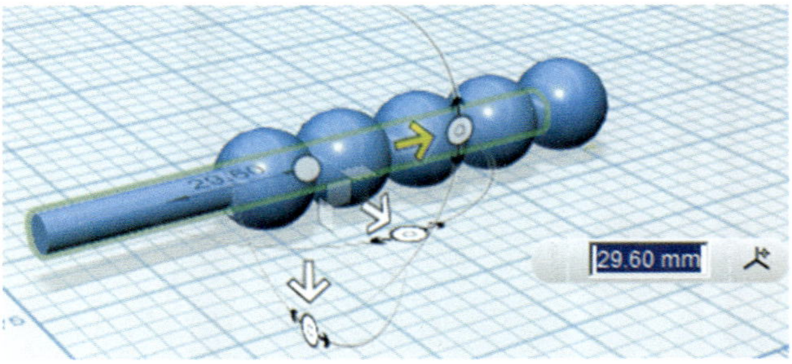

【知识点 8】快捷菜单

123D Design 没有右键菜单，因为右键用于变换视角了。但是它有自己独特的快捷菜单，只要点击对象，就会出现相应的快捷菜单：

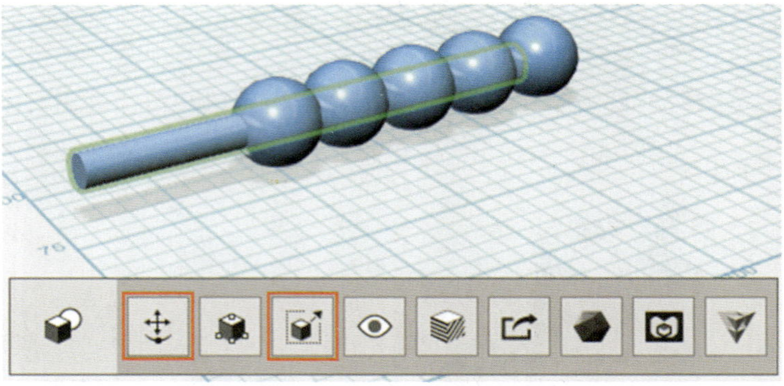

我们刚才用的“移动/旋转”“缩放”工具都在这里。

记得保存。

【知识点 9】 保存文件

把光标移到左上角，就会出现下拉菜单，点击“保存”，有 2 个选项：

(1) 保存到我的项目(要注册，保存在云端)；

(2) 保存到我的计算机。

实例二　简易陀螺

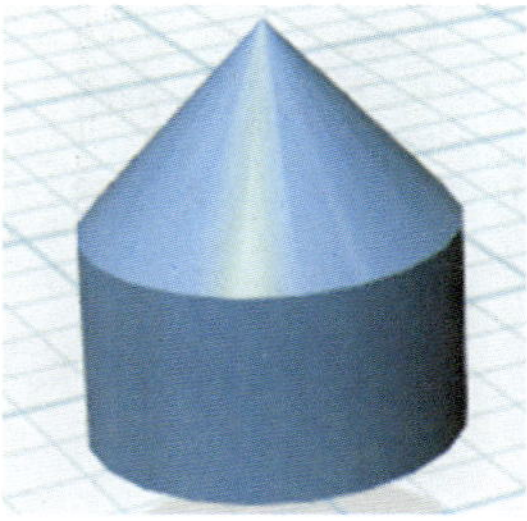

1. 建一个圆柱体

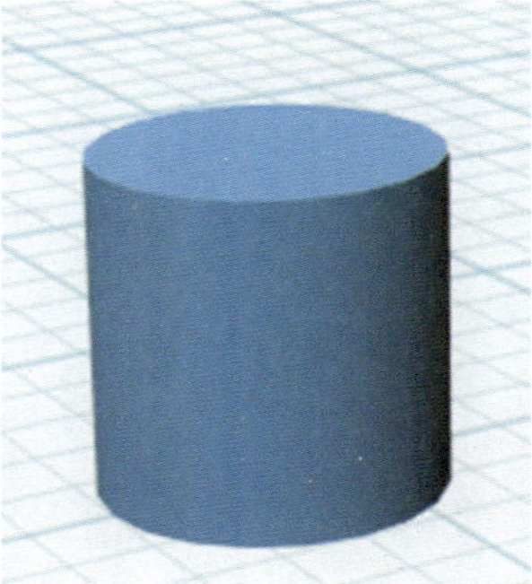

2. 建一个圆锥体

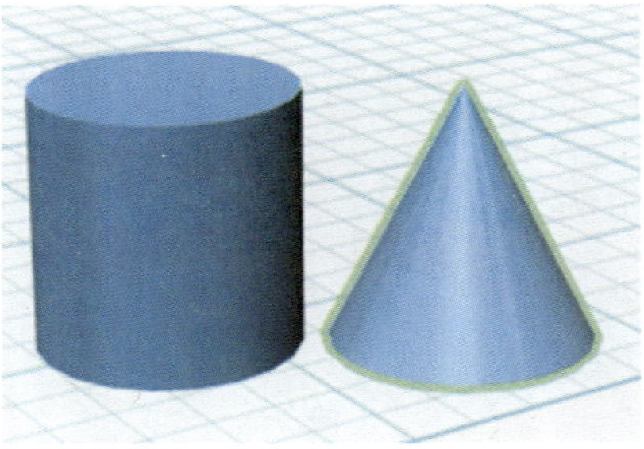

3. 把圆锥移到圆柱上

圆锥默认是放在工作面上的，要用移动工具将它移到圆柱上去，很难操作。

【知识点 10】捕捉

点击选取圆锥后，不要急着放下，把鼠标小心地移到圆柱上方，它会自动吸附在圆柱顶面上，这时再点击放下就好了。这个方法同样适用于其他几何体和面。

4. 调整

框选圆柱和圆锥，用缩放工具在 Z 轴(竖直)方向上压缩一点儿。

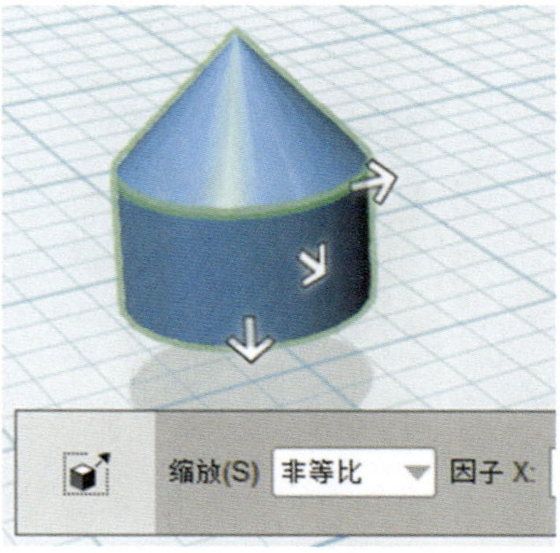

保存。

实例三 手转陀螺

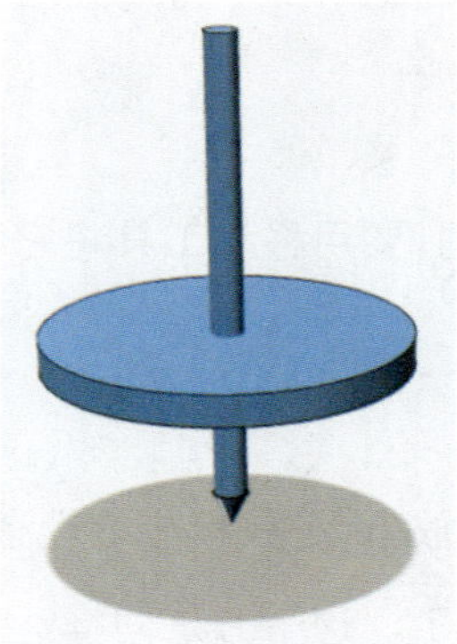

建模分析：这个陀螺由 3 部分组成：圆盘（圆柱）、轴（圆柱）、圆锥。关键是如何调整三者的位置。

1. 利用缩放工具，做好 3 个部件

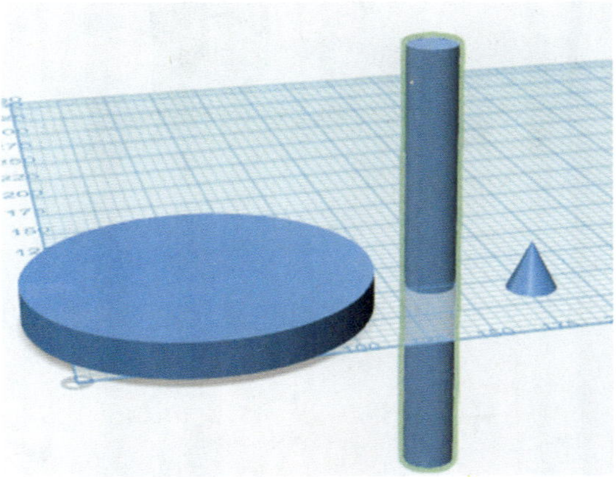

2. 把轴移到圆盘中心

小强：移了，但不知道是不是中心。

老师：要把轴准确地移到圆盘中心，就会用到对齐工具。

【知识点 11】对齐

先做一个小实验，建 2 个长方体：

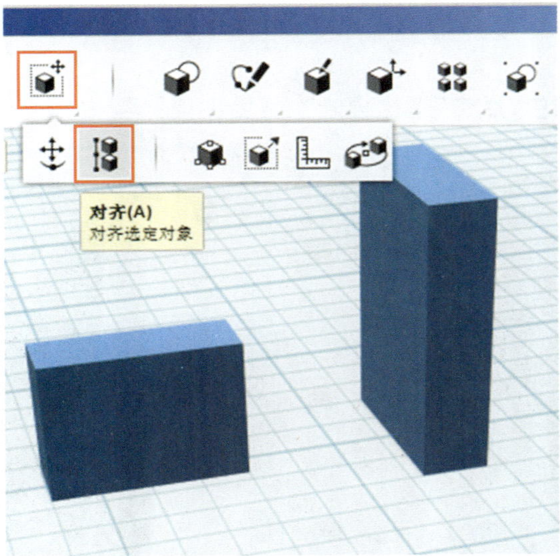

将光标移到“变换”菜单，再点击子菜单“对齐”：

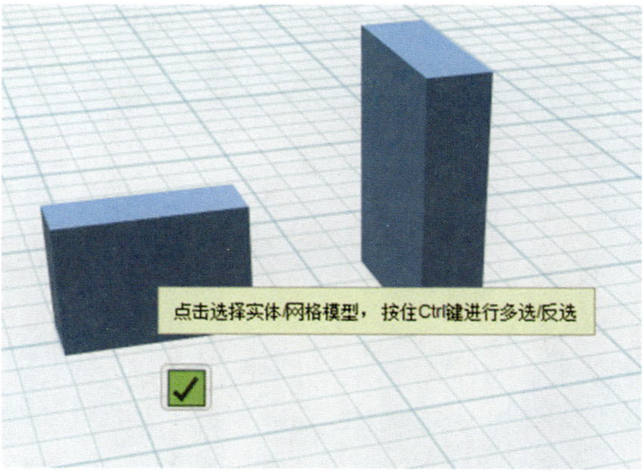

点击选择一个长方体，按住 Ctrl 键，再点击另一个长方体，出现对齐点：

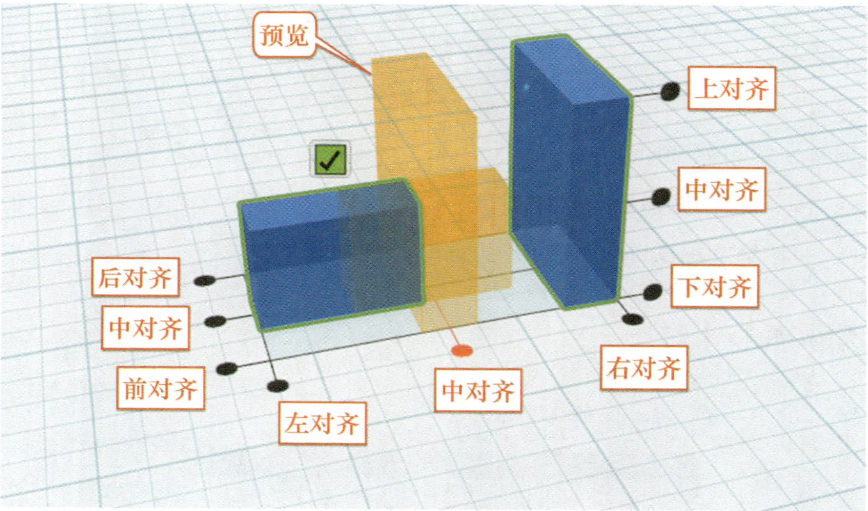

我们选择左右居中，点击“退出模式”，实验完成：

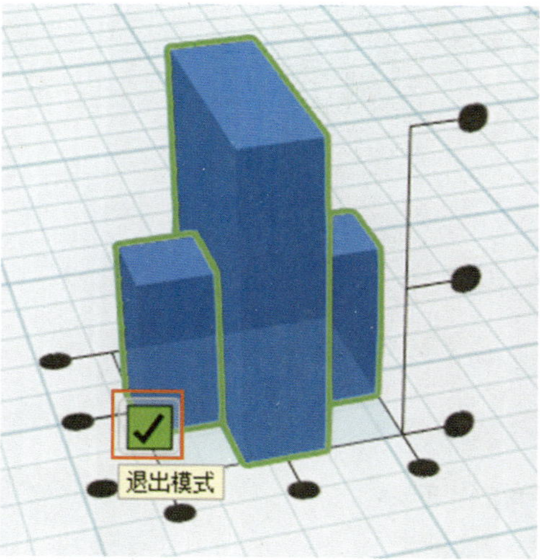

回到手转陀螺，利用对齐工具将轴和圆盘分别前后、左右居中对齐，再利用移动工具将轴稍微往下移：

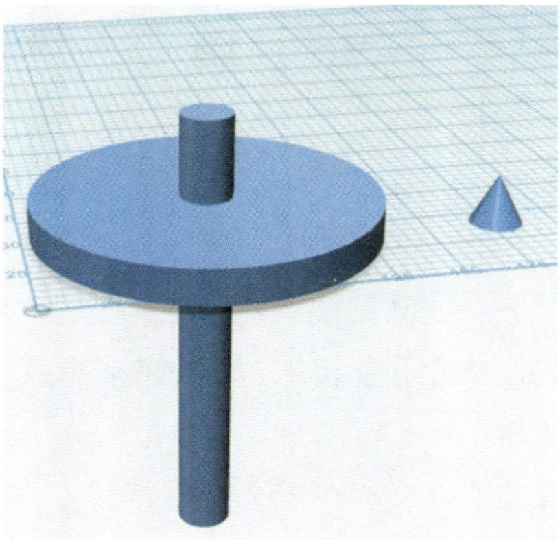

3. 把圆锥放到轴上

小强：移不了，还不如重新建一个圆锥，用捕捉法吸上去。

老师：很好！ 不过还有办法。

【知识点 12】吸附（磁铁）

点击菜单“吸附”工具，然后点击被吸物体（圆锥）的底面（为了方便点击，可以将圆锥旋转 180°），再点击目标物体（轴），第一个物体就跳上去了（注意顺序）！

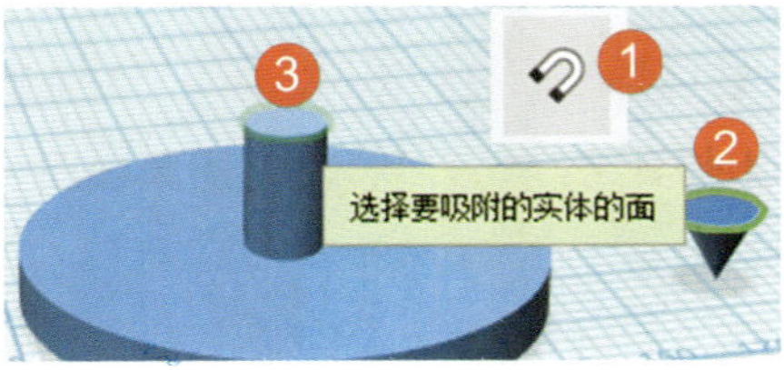

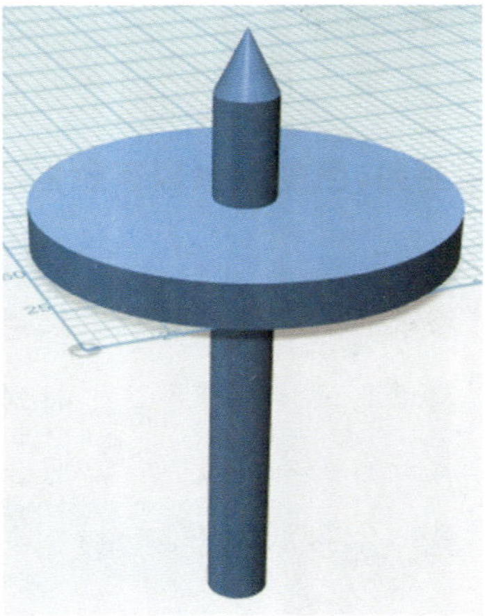

提示:在使用吸附工具时,要注意右边视图工具栏有一个如下设置:

意思是:吸附时要不要把两者组合起来,如果你不想组合,就点击它,此时会出现一根斜线。

小强:轴太长了,怎么办?

老师:确实难办。用缩放工具,会将上下都拉长,还有其他办法。

【知识点 13】压拉

这个方法很简单,选中圆柱的上表面(点击圆柱体,移开鼠标,再点击上表面),出现快捷菜单:

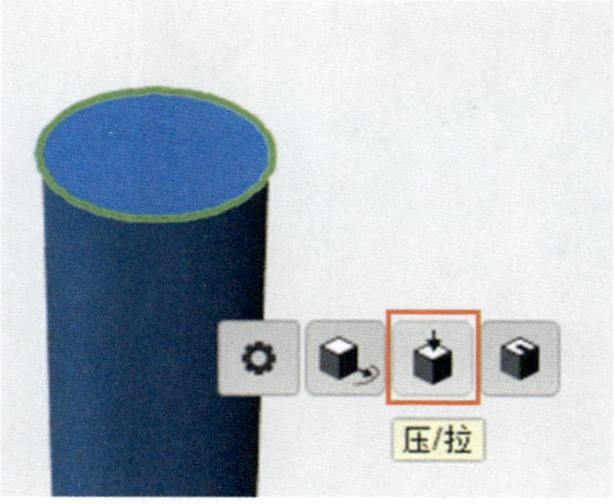

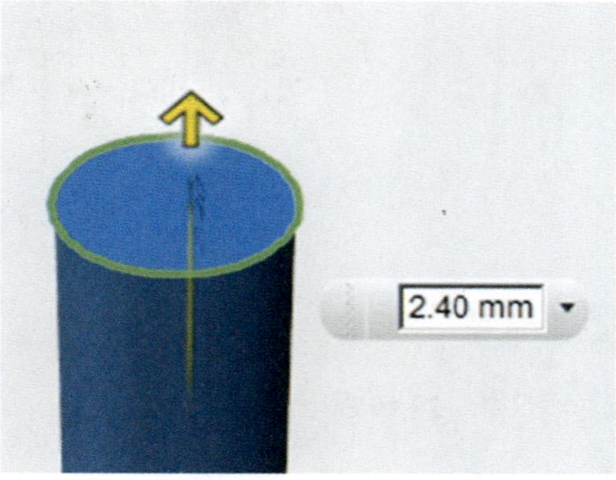

点击"压/拉",出现一个小箭头,拉! 也可以在旁边直接输入数据。

课堂小结

移来移去在桌面　　记得常用快捷键
忽远忽近迷人眼　　排列整齐十个点
收放自如有缩放　　吸合物体用磁铁
乾坤挪移几根箭　　翻来覆去细细看

作 业

提示：复制物体用"Ctrl＋C"，然后用"Ctrl＋V"粘贴，比如雪人的眼睛；复制多个物体，先选中第一个，按住 Ctrl 再选其他（加选），或者拖动鼠标框选，比如椅子脚。与其他软件一样。

1. 城堡

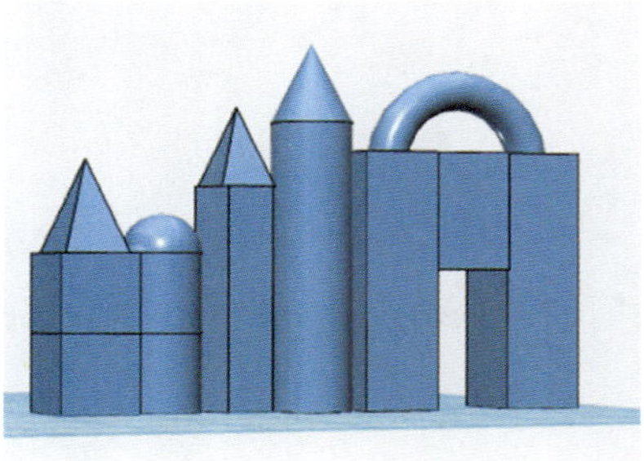

2. 小雪人

3. 椅子

第4章

拼切建模，做个杯子

4

教学目标：学会合并菜单、倒角、抽壳、选择材质、隐藏轮廓线。

教学重点：拼切建模。

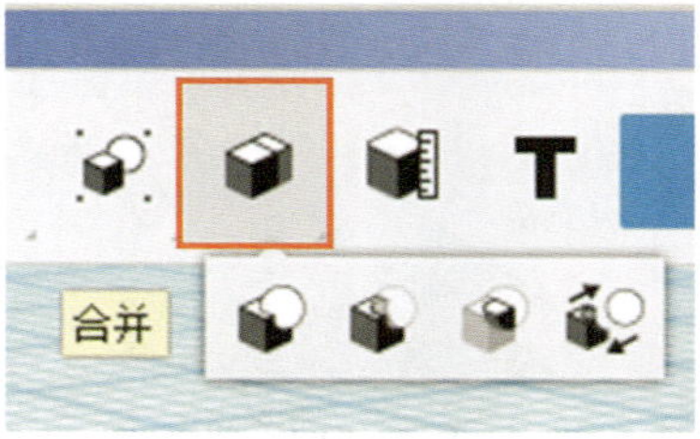

实例四 简易杯

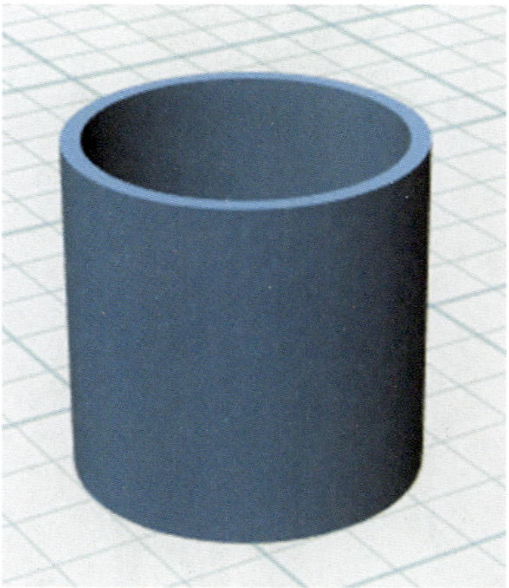

建模分析：可以看出，这个杯子主体是圆柱体，中空部分也是小圆柱体，可以用小圆柱体去切大圆柱体。要用到“合并”菜单。

【知识点 14】合并

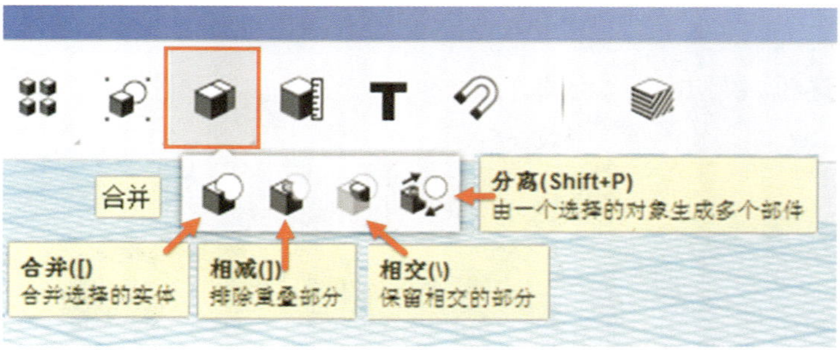

合并菜单包括 4 个子菜单：合并、相减、相交、分离。我们通过小实验来了解其功能。

将光标移到“合并”菜单，点击子菜单“合并”：

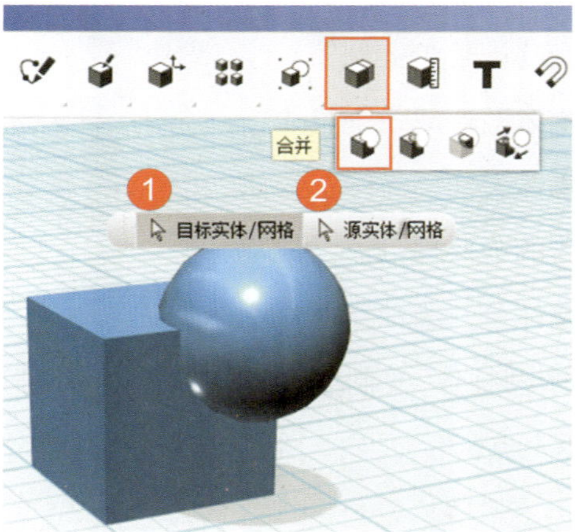

依次点击长方体和球：

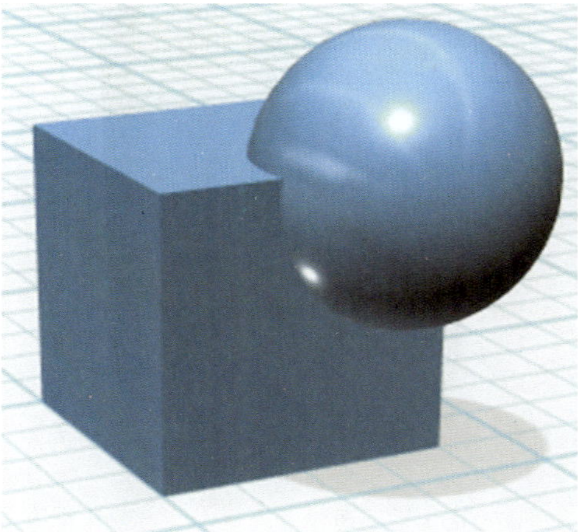

小强：没什么变化！

老师：拖动一下看看。

小强：粘在一起了。

同样执行"相减""相交""分离"：

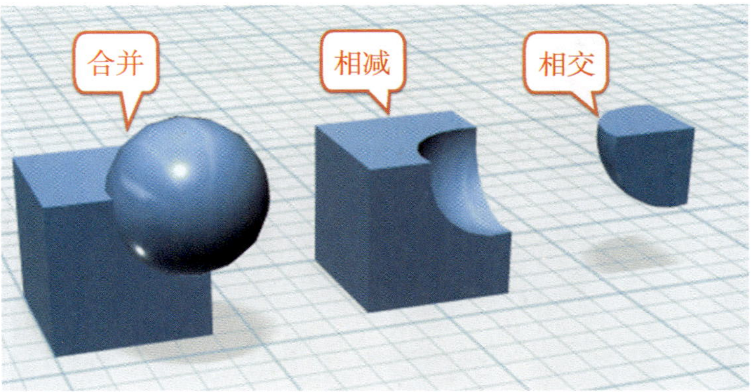

执行"分离"菜单出现错误（见实例五）。

（1）合并是将几个物体融合成一个整体；

（2）相减是用一个物体去切割另一个物体；

（3）相交是两个物体的公共部分；

（4）分离是将一个整体分开为独立部件。

回到杯子。放入一个圆柱体，复制它（Ctrl + C、Ctrl + V），两者是重合的，把复制的圆柱体上移一点，缩小一点：

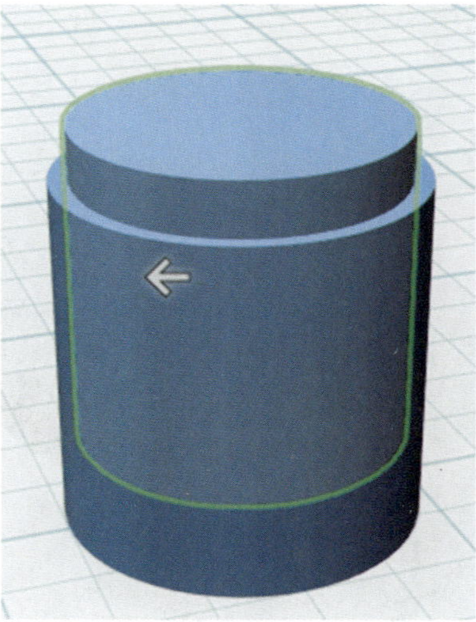

执行"相减"菜单：

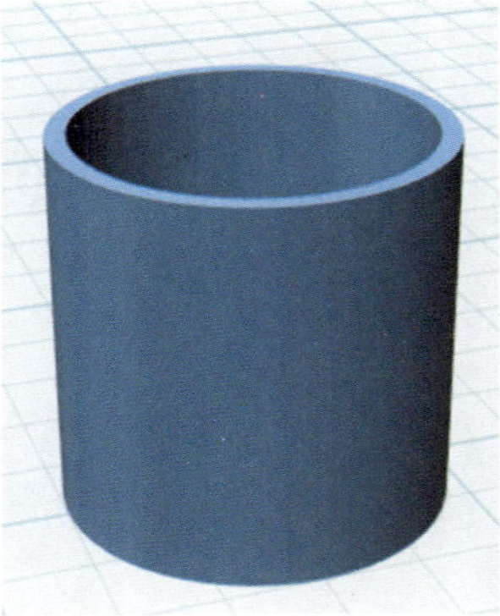

小强：杯子不是这样的，口要大。

实例五　大口杯

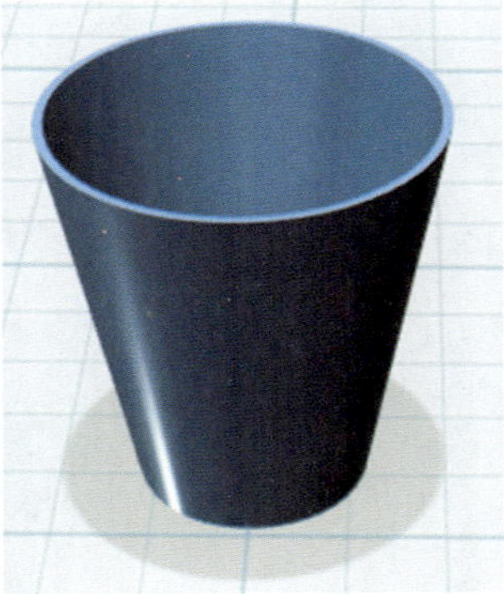

建模分析：基本几何体中没有这样的物体，但圆锥体切去尖头可以做杯体。

1. 做杯体

用一个正方体去切圆锥体：

删除尖头。

小强：删不了，全删了！

老师：这里就要用到“分离”工具。原来的圆锥体被切后，剩下的还是一个整体，只有分离后才能使它们独立。先分离它：

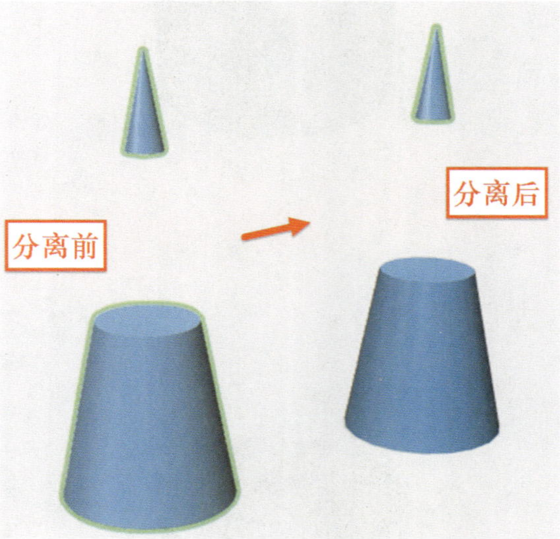

分离后选中尖头，删除它。将剩下的部分倒过来：

2. 掏空

可以用前面切割的方法掏空，更好的方法是用“抽壳”工具。

【知识点 15】抽壳

点击杯体，移开鼠标，再次点击杯体顶面，出现快捷菜单：

点击“抽壳”，拖动白色箭头，也可以在下面对话框中直接输入厚度和方向（内抽/外抽）：

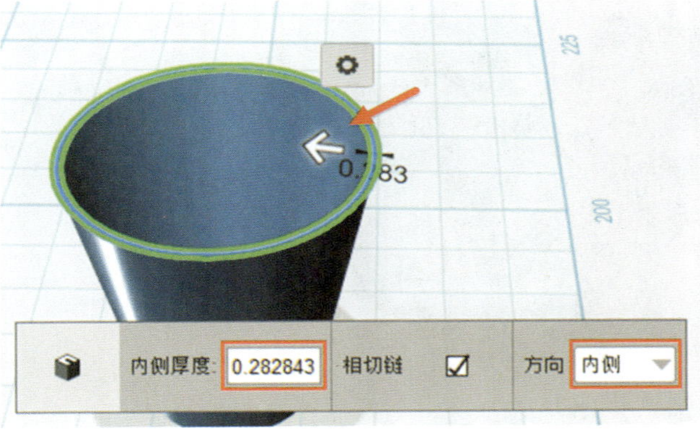

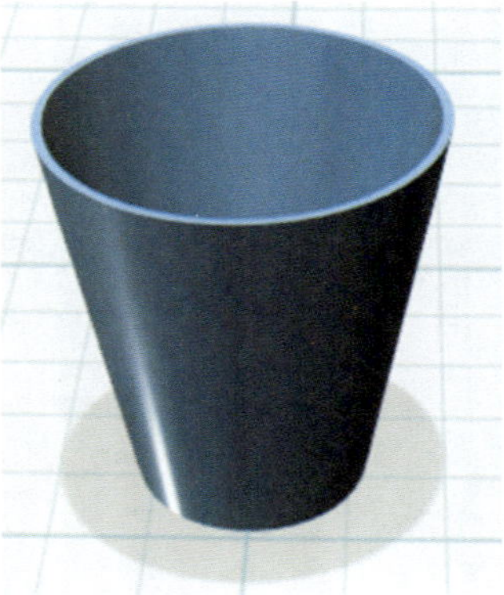

小强：没有杯把！

3. 做杯把

加个圆环，旋转 90°：

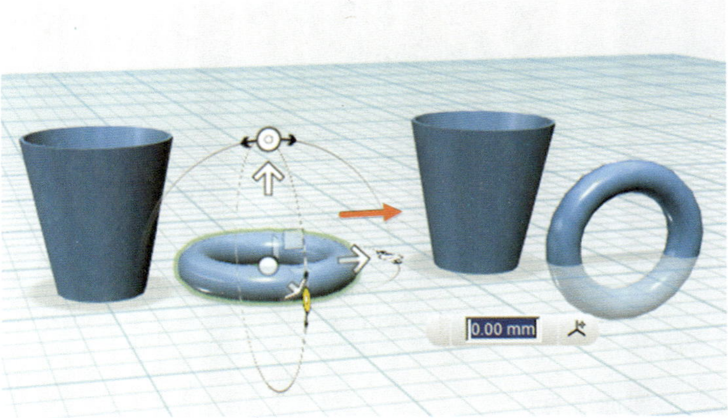

将圆环缩放到合适大小，用移动工具使其与杯子相交：

用对齐工具使其上下、前后居中：

点击"退出"或按回车键，完成：

小强：没完成，里面还有！

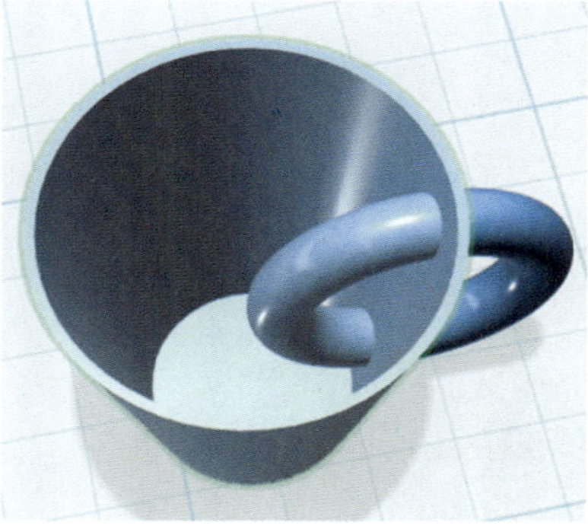

老师：怎么办？

小明：用杯子切开圆环。

小强：杯子不见了！

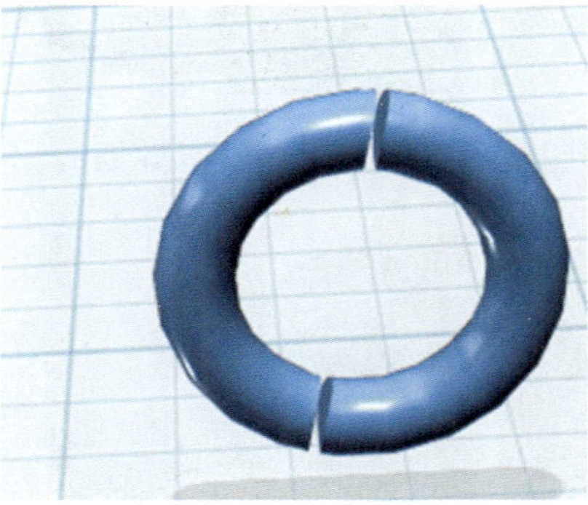

老师：说得是，用来切割的物体会消失。你先复制一份再切割，再把里面的圆环删除。

小强：不行，全删除了！

小明：先分离圆环，再删除。

小强：杯口太锋锐！

【知识点16】倒角

点击杯子，移开鼠标，再点击杯口边缘，出现快捷菜单：

点击"圆角"，拖动小箭头，或在下方直接输入数据：

其他边缘操作相同：

小强：杯子与杯把相交处倒不了角。

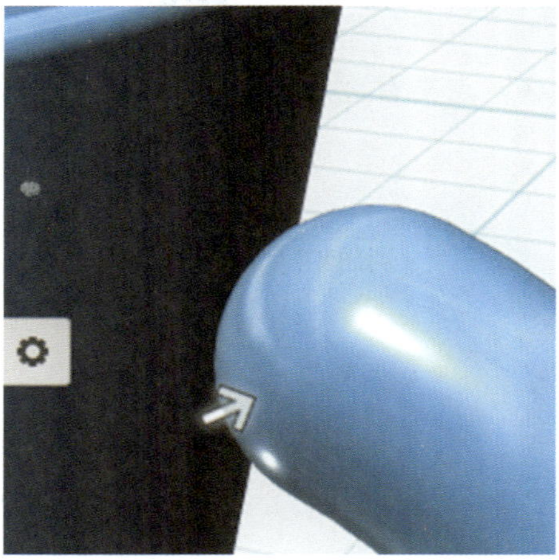

老师：这是因为，杯子与杯把不是一个整体，只能各自倒角，把它们合并就可以了。

小强：老师，我的杯子上有很多黑线。

【知识点 17】隐藏轮廓线

那是轮廓线，可以隐藏。点击右边视图工具显示选项的“仅材质”：

小明：能不能漂亮点？

【知识点 18】材质

点击最右边的菜单“材质”，出现对话框：

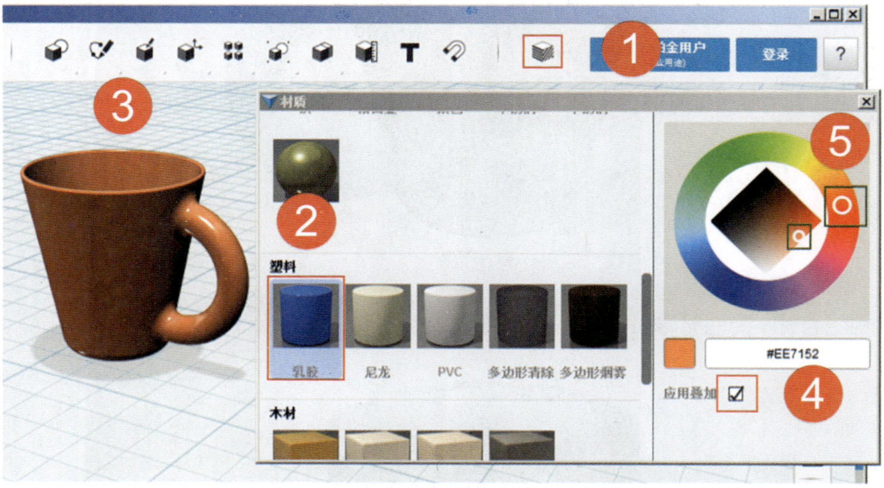

选择一种材质，再点杯子，杯子的材质就变了。如果你不喜欢那个颜色，可以在右边色盘上重选。记得勾选“应用叠加”。

提示：上色只是为了好看，对打印丝毫没有影响。

课堂小结

(1) 建模的重要思想：先粗后精。就是先考虑物体的主体架构，再考虑局部。

（2）建模的重要方法：加法和减法。拼接就是加法，切割就是减法。

（3）建模的重要步骤：先结构，后修饰。

作 业

1. 咖啡杯

2. 酒杯

（**提示：**液体建模用切割工具）

3. 陀螺

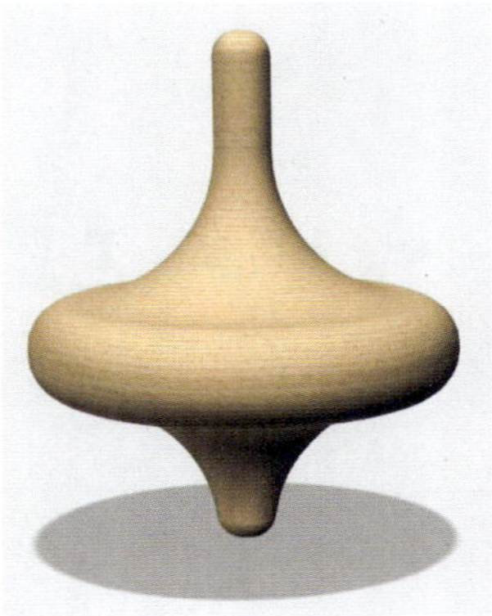

（**提示：**合并，倒角）

第 5 章 草图建模，做个花瓶

教学目标：学会草图、构造、阵列。

教学重点：构造。

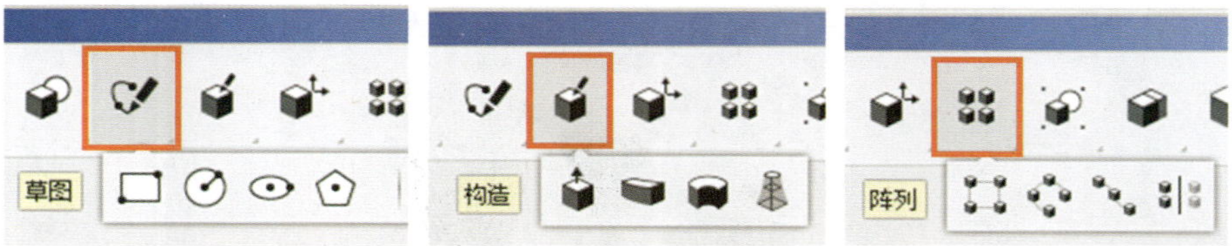

前面建模的方法是基于基本几何体。但现实中的物体是千奇百怪的，不可能都是规则的，遇到复杂的模型，之前的方法就无能为力了。因此，我们要学习建模的底层方法。

我们知道，二维的面加一维就变成三维了。因此，任何三维的物体都可以由二维构造出来。所以，我们要先学会画二维图，这个工具就是草图（草绘）。

【知识点 19】草图

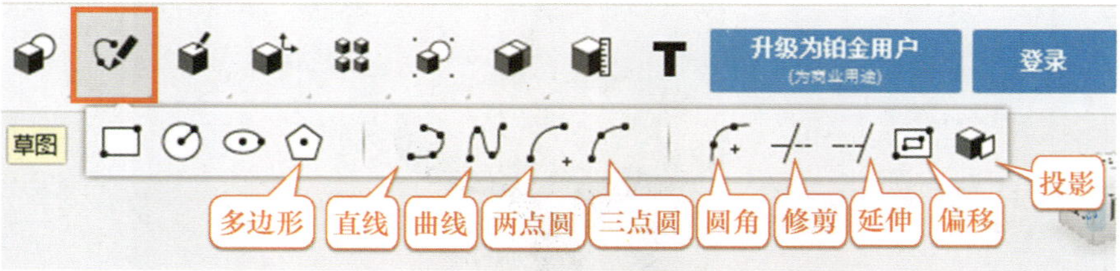

步骤：

（1）点击基本几何图形，此时软件在等待我们确认工作面。也就是说，你的草图要画到哪里。

（2）在默认工作面点击，告诉软件我要在这里画草图。这个概念很重要！你也可以在其他面画草图。

（3）移动光标到合适点，点击并拖动鼠标，画出草图。点击绿色的勾或按回车键确认。

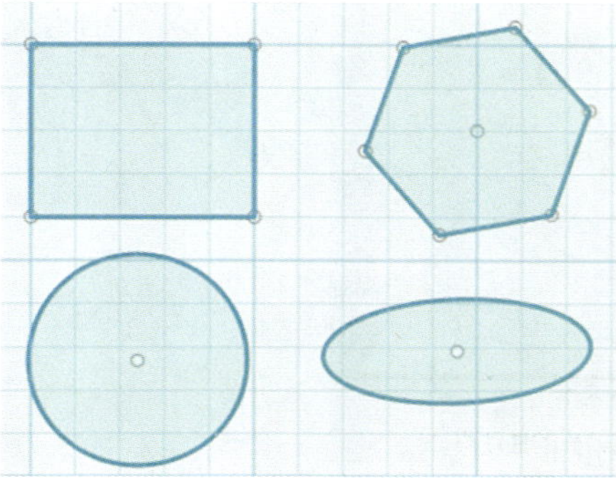

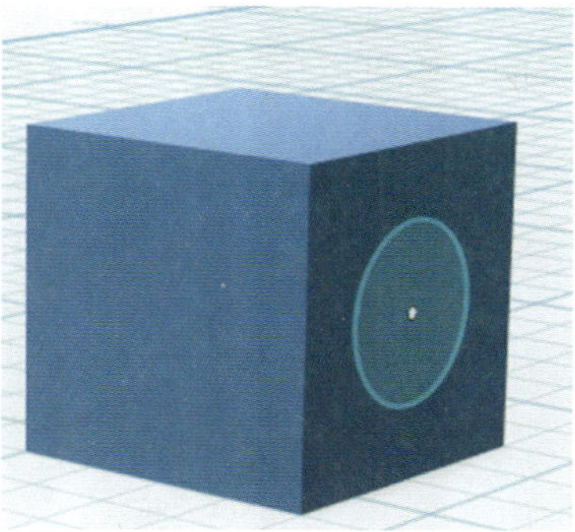

草图完成后，可以拖动边缘或白点修改，也可以用移动工具移动。

更复杂的图形可以用折线（多段线）和曲线（样条线）来构造。

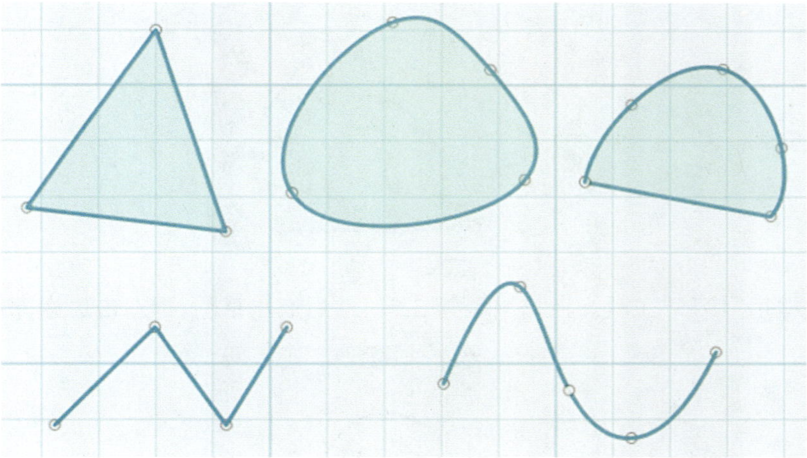

草图可以是封闭的，也可以是开放的，折线和曲线可以结合使用，但要注意起点重合！

曲线上的小白点是关键点，光标移近时会变色，此时拖动它可以改变形状，点中它可以删除。

未封闭的草图，可以用“延伸”工具补上：

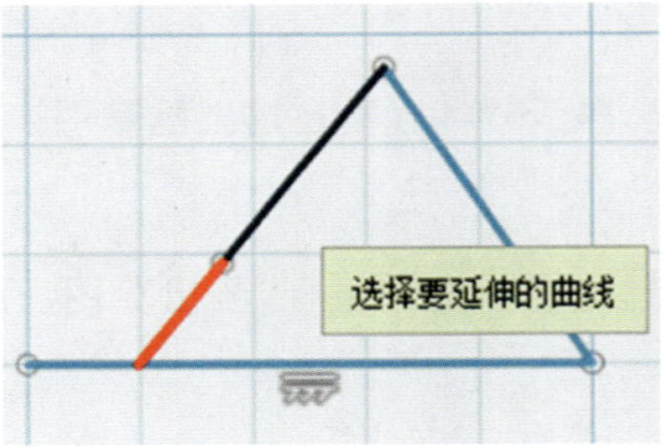

多出的线段可以用“修剪”工具剪掉：

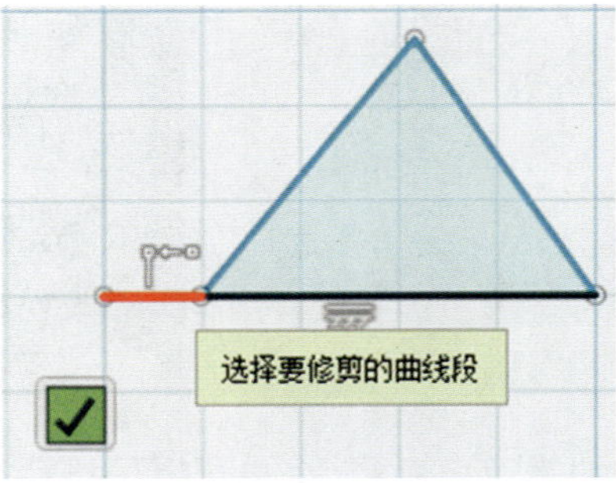

线条相交部分可以用“倒圆角”工具修平：

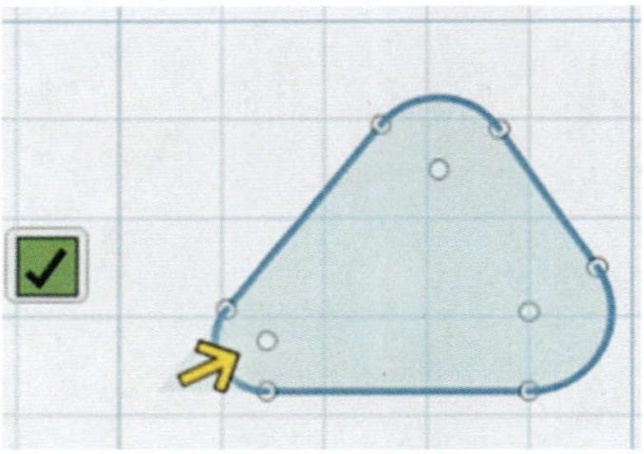

做边框用“偏移”工具。点击“偏移”工具，然后点击草图，再点击边缘，拖动鼠标：

可以用草图画出任何我们想要的平面图形，接下来就是利用它构造三维物体。

【知识点 20】拉伸

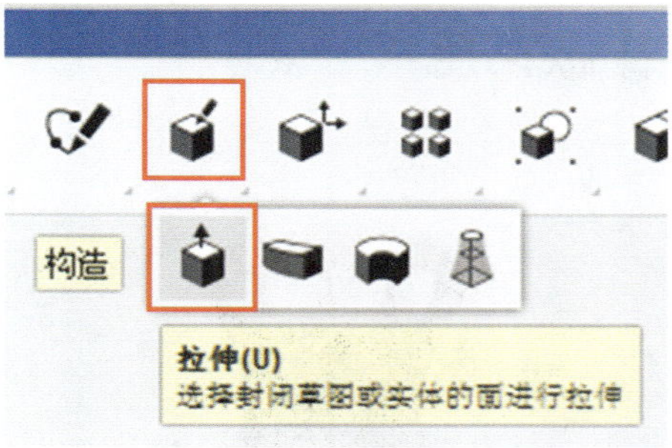

选中草图中封闭的面，点击“拉伸”工具，出现一个白色箭头，进行拉伸：

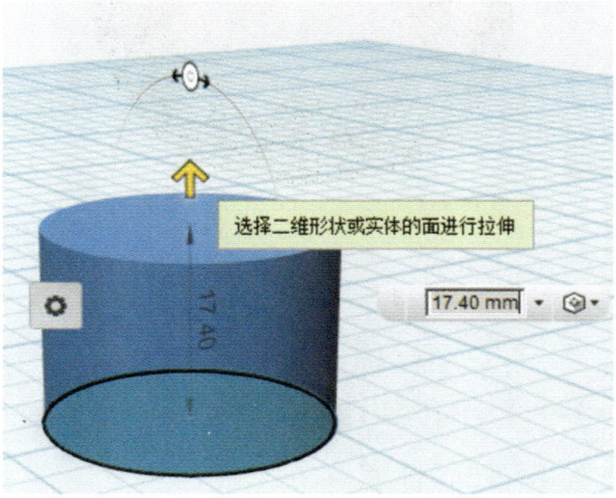

小强：我明白了，所有的基本几何体都是这样做出来的！

小明：直上直下的，能不能越拉越小？

请注意白色箭头上面还有个双向小箭头，往不同的方向拉拉看：

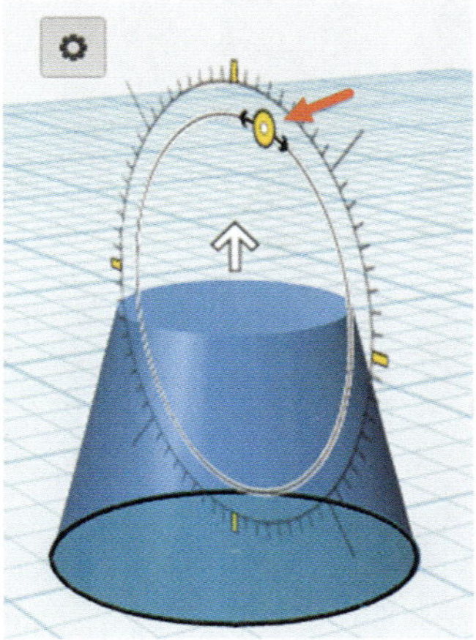

小明：球怎么拉？

老师：问得好！曲面没法拉出来，但有其他构造方法。

实例六 放样做花瓶

建模分析：花瓶不是基本几何体，无法直接建模。但它有特点：对称，横截面都是圆。可是，我们不能一个一个地去画无数个圆呀。仔细观察，会发现几个关键截面：底部、肚子、瓶颈、瓶口！如果能利用这几处做出瓶身就好了。123D 正好有这样一个工具——放样，只要先画出关键面，其他工作就交给计算机。

1. 做瓶身

草绘一个圆，点击圆的中间，按 Ctrl +C、Ctrl +V 复制，拉高：

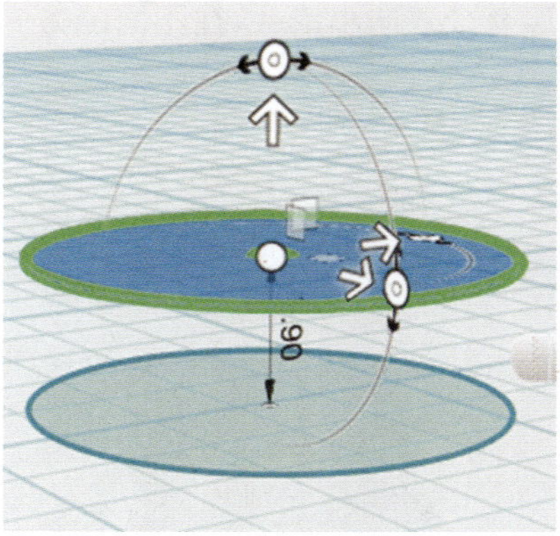

小强：没有！只有一个圆，底下没有圆！

老师：怪我没说清楚。如果在圆的边缘点击，选中的是圆圈，可以修改直径。把光标移到圆中，出现绿色光环再点击，就会选中整个圆面，才可以复制：

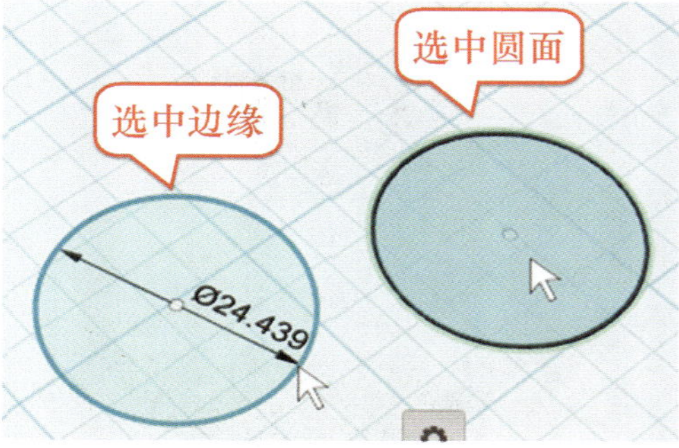

复制出 3 个一样的圆，拖动各圆的边缘修改大小：

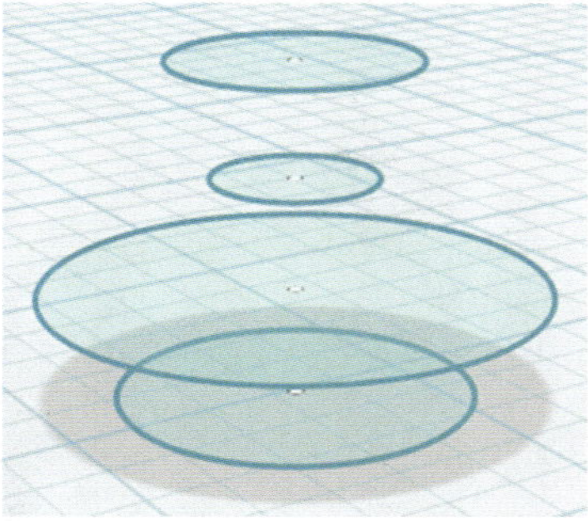

瓶身的几个关键面做好了，让系统自动生成一个实体。

【知识点 21】放样

按住 Shift 键，从下到上依次点中 4 个圆面，点击“放样”菜单：

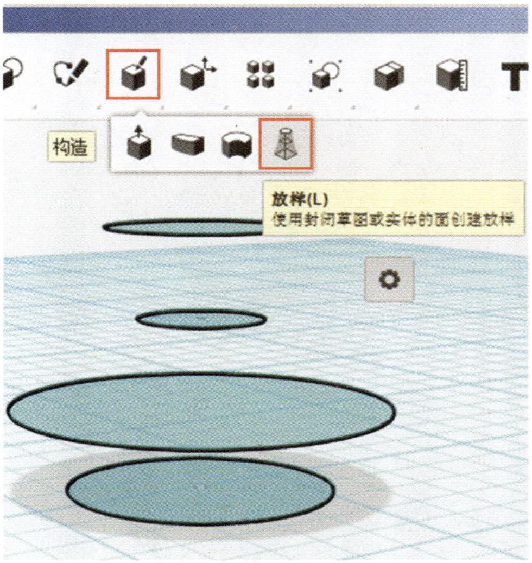

瓶子做好了，是实心的：

小强：我的瓶子是空心的，和你的不一样！

老师：没有专心听讲。要依次选中 4 个圆面，你第 3 个和第 4 个的顺序反了，不过也很漂亮。

2. 掏空

点击最上面的圆面，抽壳：

一个漂亮的瓶子做好了。

小强：我抽不出来，无效操作！

老师：你选的面可能是刚才复制的草图，而不是花瓶的面，这 2 个面是重合的。

解决办法：选中最上面的圆面，删除。或者在视图工具中隐藏草图：

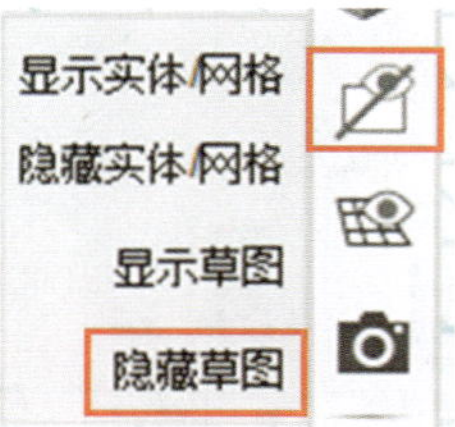

3. 装饰

在瓶口挖几个洞。

放 1 个球，用缩放工具缩小，移动到瓶颈上，与瓶相交：

用相减工具挖个洞。要依次挖出 10 个这样的洞，很费事，此时就要用“阵列”工具。

【知识点 22】阵列

阵列的意思就是由 1 个物体，像孙悟空一样，变成好多个一样的物体，还能让它们整齐排队！ 阵列方式有矩阵、圆阵、曲阵、镜像（参看第 6 章）：

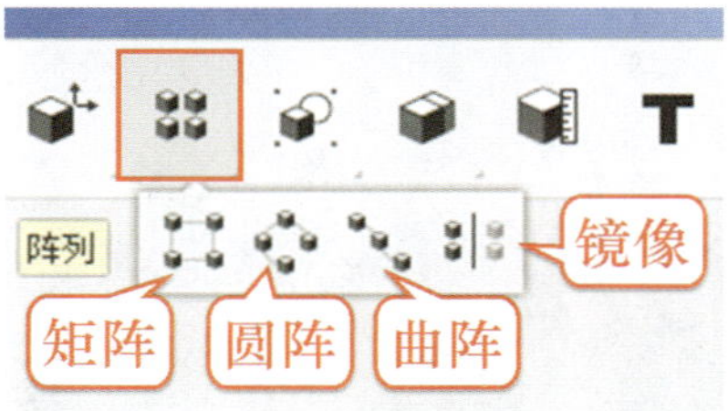

做个小实验：

在工作面上放个圆柱，再用草图工具画 1 条直线、1 个圆、1 条曲线，点击方阵，出现对话：

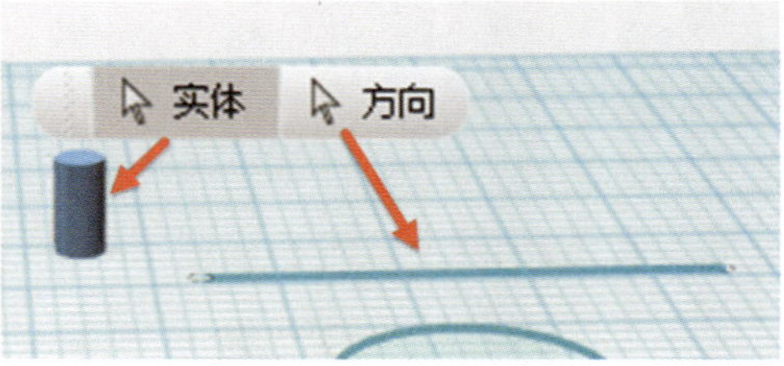

点击圆柱作为要阵列的实体，点击“方向”，再点击直线作为阵列的路径：

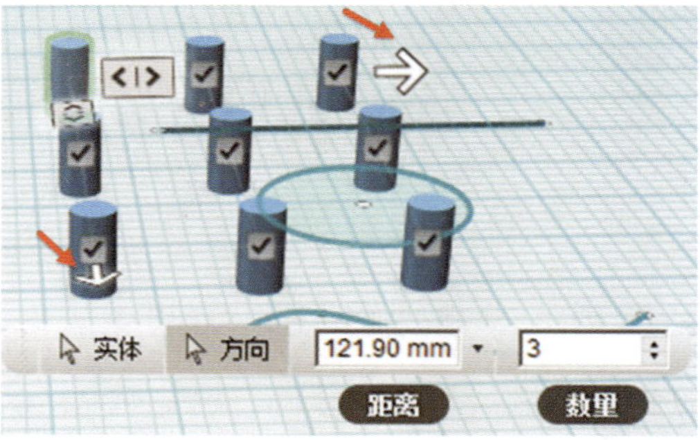

同样，做其他阵列：

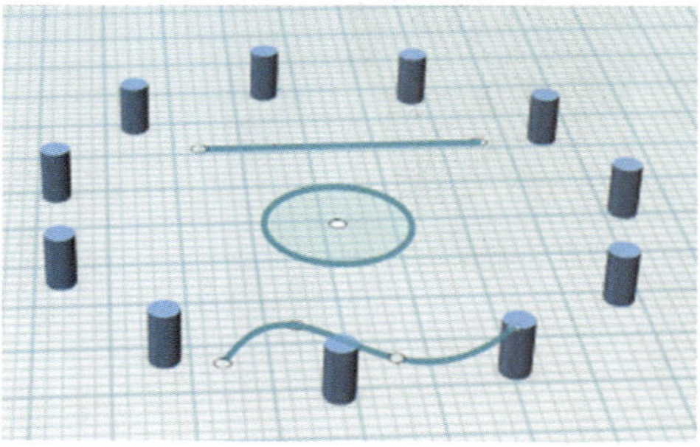

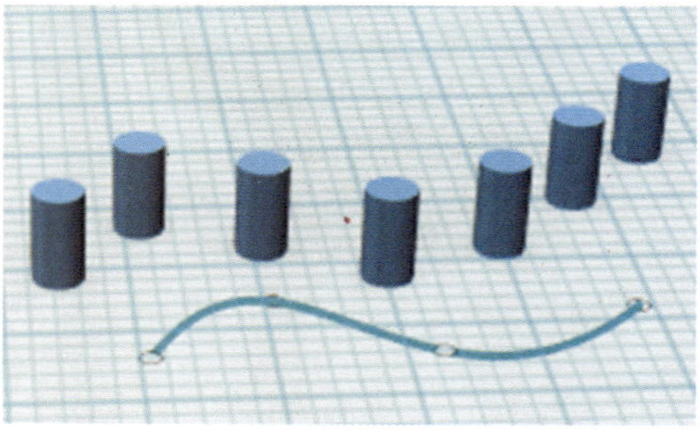

小明：老师，按你说的做了，但是我一个也列不了，还把圆柱压扁了。

解决办法：先选中列阵物，再点列阵菜单。

回到花瓶。点击球，然后点击“圆阵”，再点击“轴”，点击瓶口边缘：

默认会出现3 个球，你可以在下方的对话框中输入阵列个数。我们输入 10 个，按回车键：

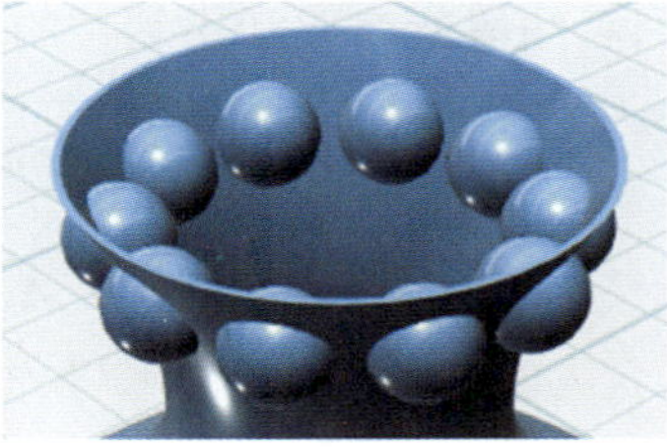

用 10 个小球去切割瓶子，上色：

一个漂亮的花瓶就做好了。

实例七　旋转做花瓶

由于花瓶是轴对称的，这样，我们有更好的方法：旋转。

1. 绘制花瓶半截面

切换到顶视图，在工作面上绘制如下草图：

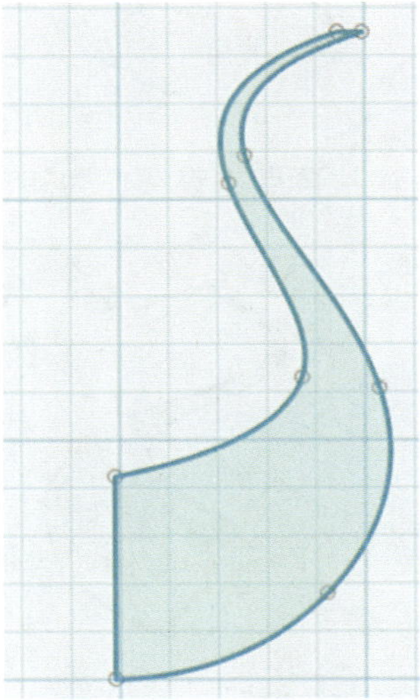

提示：直线要贴紧网格画，各线段起点要利用软件的捕捉功能完全衔接！光标靠近白色小圆点可以随意调整。

2. 旋转

【知识点23】旋转

切换到默认视图（点击视图小房子），点击“构造”“旋转”：

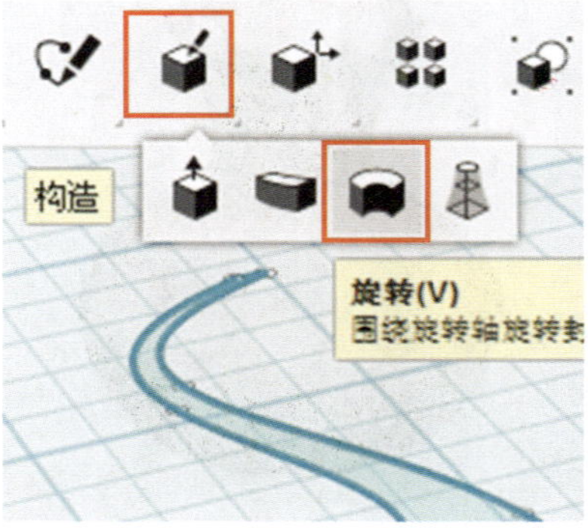

出现对话：

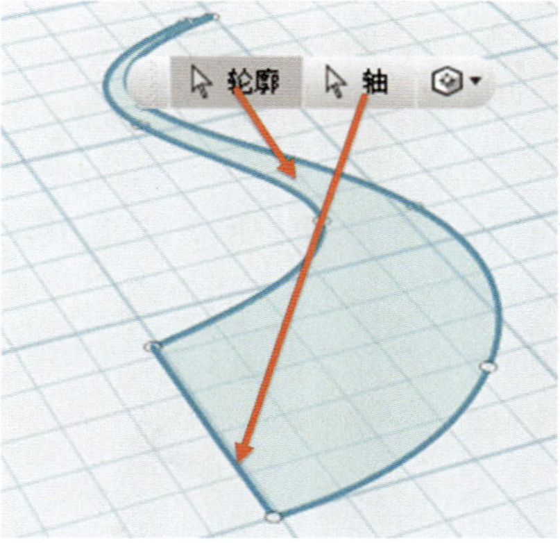

点击草图作为轮廓，点击“轴”，再点击直线作为转轴：

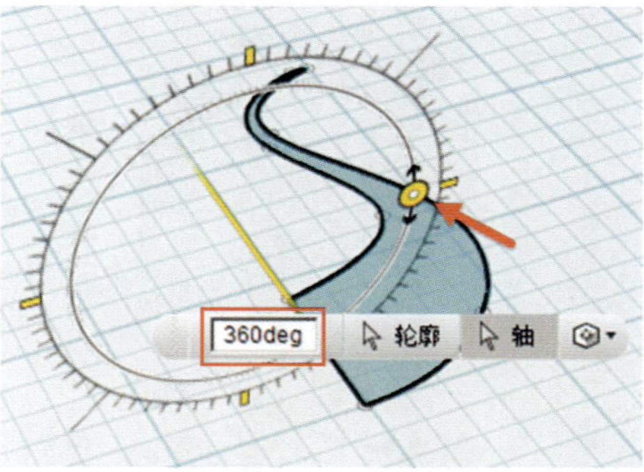

拖动小箭头，或者直接输入 360°：

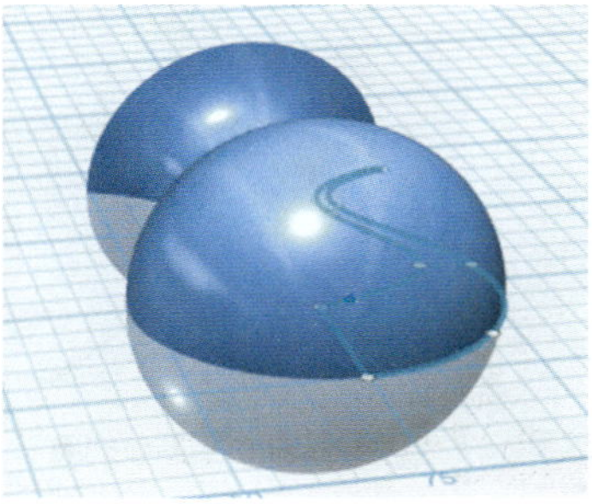

用移动工具转 90°，隐藏草图，上色：

这个瓶子有意思，是个不倒翁。旋转相对放样的优势在于，你可以通过样条线，给出更多的细节，效率更高。

实例八　扫掠做花瓶

【知识点 24】扫掠

扫掠的意思是，让一个面沿着一条路径扫过去，形成一个物体。

扫掠实验：在工作面上画一条曲线，再放一个正方体：

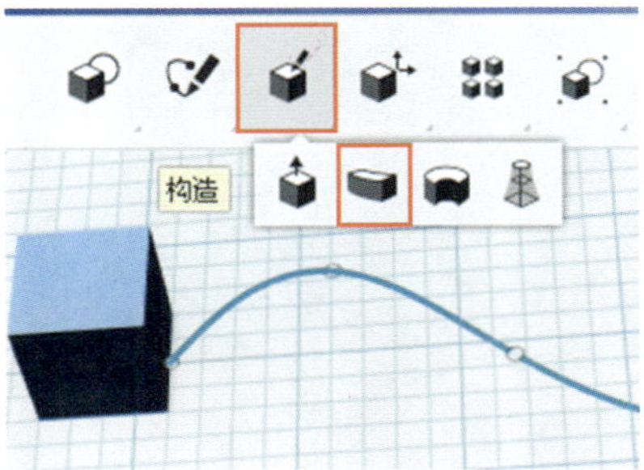

点击“扫掠”，出现对话框：

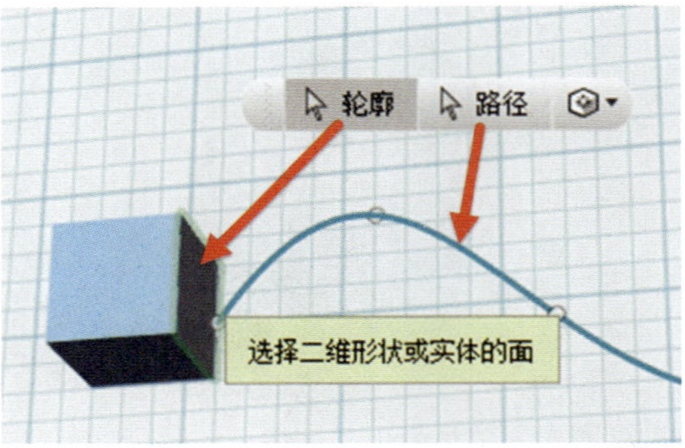

选中正方体的面作为轮廓，点击“路径”，再点击曲线作为扫掠路径，拖小箭头：

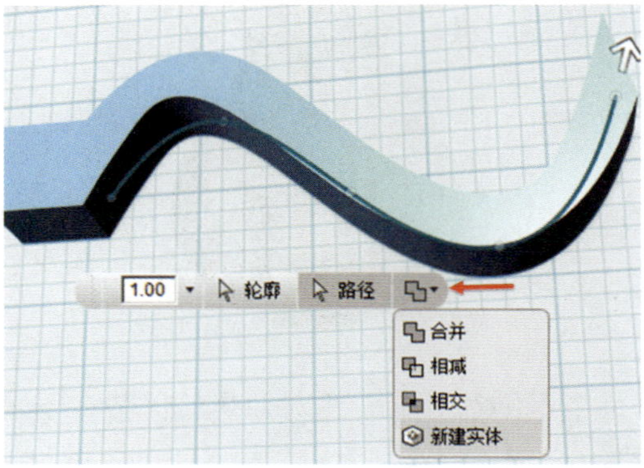

注意右边的下拉菜单，默认是扫掠体与原物体合并。

如果沿着圆的边缘扫，那就是旋转了。扫掠可以沿着任意路径构造物体，有更多的创作空间。

下面我们来做一个非主流花瓶。

1. 做路径

在默认工作面画草图：

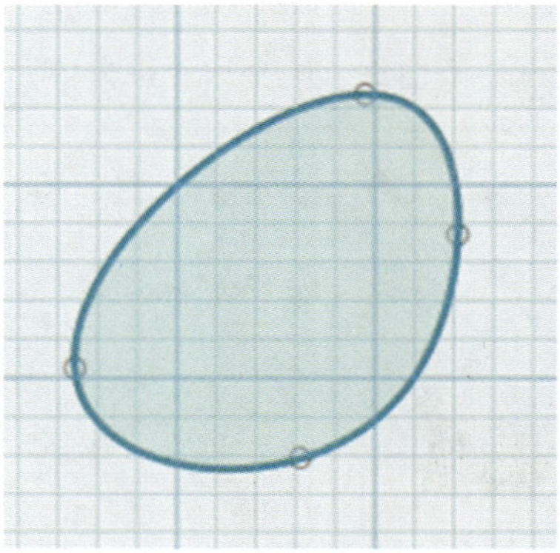

2. 做轮廓

放一个正方体在工作面上，点击草图曲线工具，此时软件在等待我们确定工作面。点击正方体侧面，画一个草图：

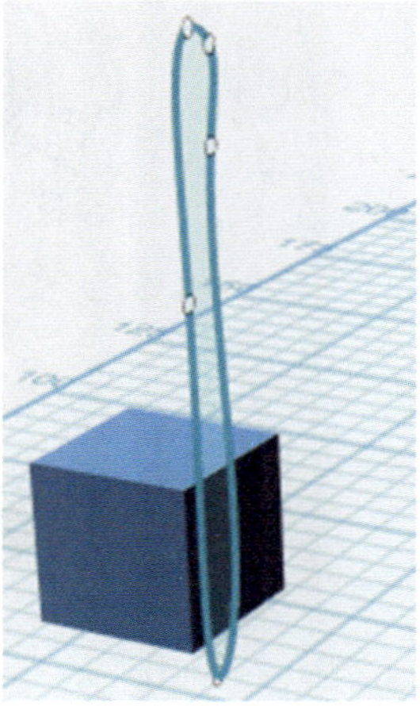

注意，此前我们放物体和草图，都是放在工作面上的（*XY* 面），这个叫作默认参考面。现在，我们要画的花瓶截面，是在竖直面上的。所以，要放一个正方体，选择草图曲线工具，点击正方体的前面，这就是草图的新参考面！

3. 扫掠

拖动扫掠路径靠近轮廓：

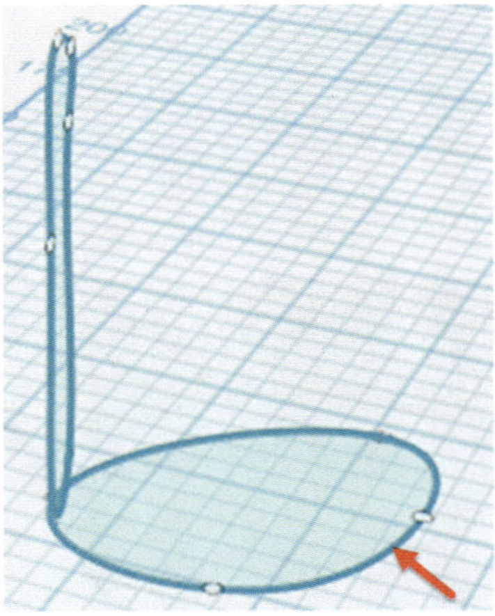

点击扫掠，选择"轮廓"和"扫掠"路径，出现 2 个小箭头，进行拉伸：

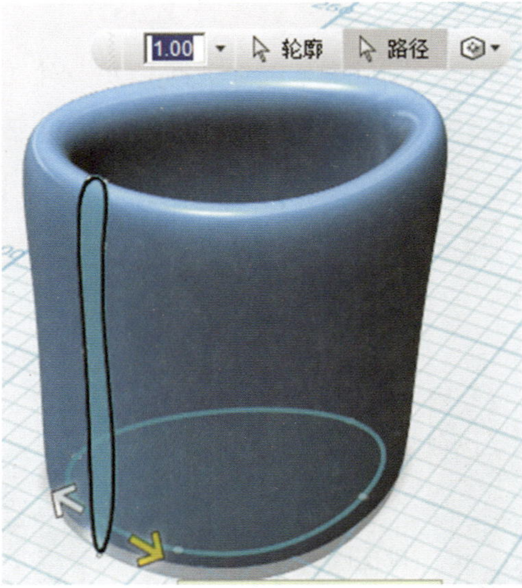

小强：老师，拉不出！

技巧：

(1)路径要平滑，多放一些关键点，不能转弯太快。

(2)轮廓要与路径接近垂直！

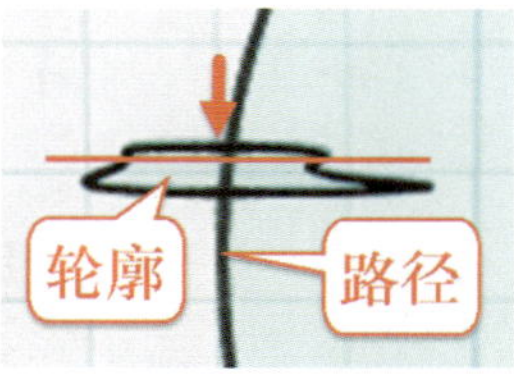

小明：老师，底下是通的，放不了花！

选择路径围成的底，点"拉伸"：

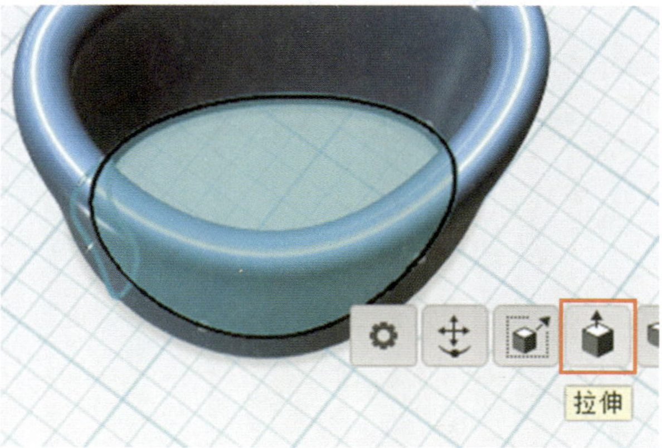

拉伸时注意选"合并"：

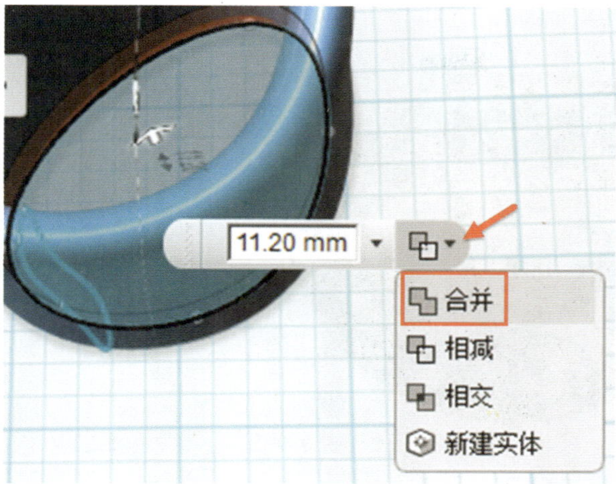

课堂小结

在这一章中，我们学习了另一组重要的建模工具构造菜单：拉伸、放样、旋转、扫掠。阵列也是个好工具，能快速复制出按要求排列的物体。

作　业

1. 扭曲花瓶

2. 镂空双层花瓶

3. 三联花瓶

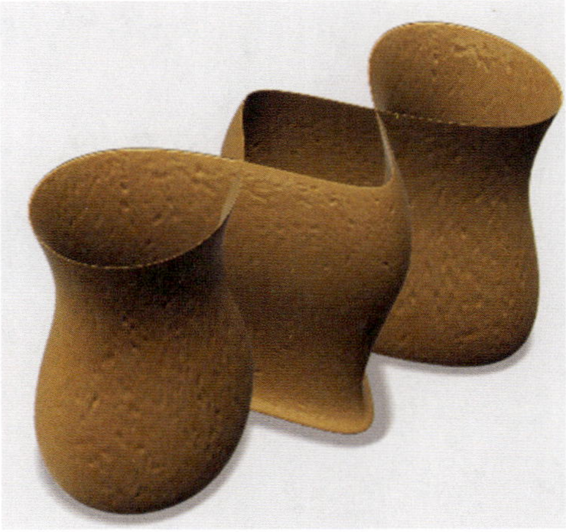

4. 竹蜻蜓

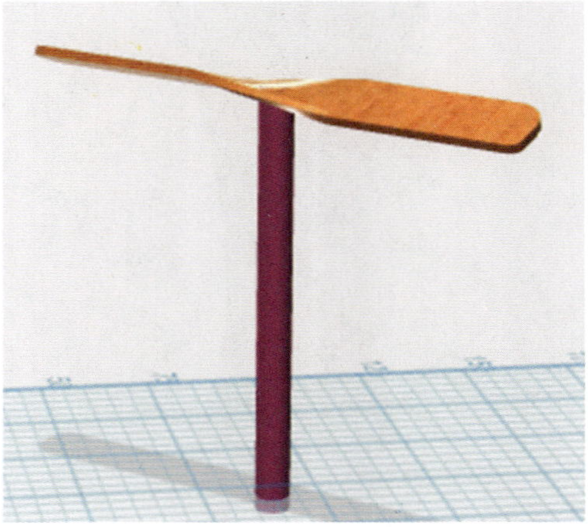

第6章

玩转文字，做个印章

6

教育目标：学会文字菜单、镜像工具、智能缩放、参数建模、投影。

教学重点：文字建模。

文字是个性化的元素，很能体现 3D 打印的特色。

【知识点 25】文字菜单

文字菜单实际上是草图的一种，是利用字库绘制的草图，拉伸为立体字。

实例九 造字

1. 造英文字

点击“文字”菜单，在工作面点击确定文字位置，输入英文，点击“确定”：

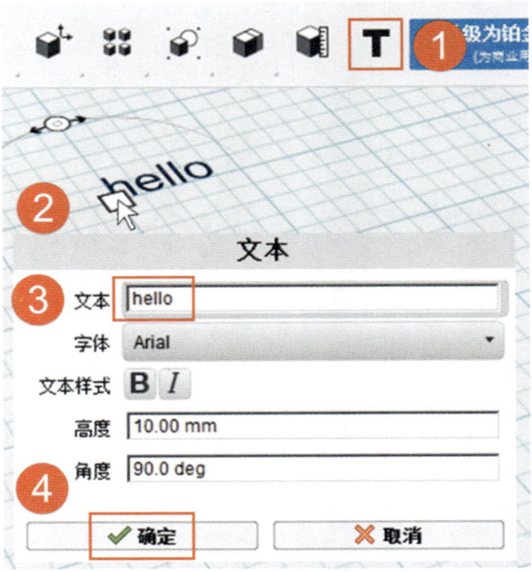

2. 造汉字

输入汉字：

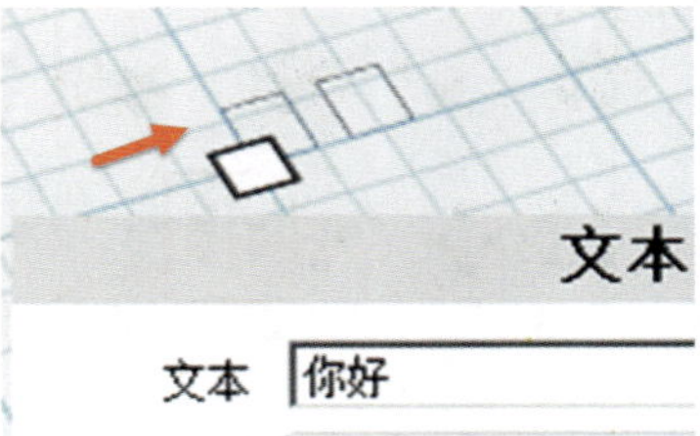

小强：没有汉字！

汉字必须用汉字字体，修改字体：

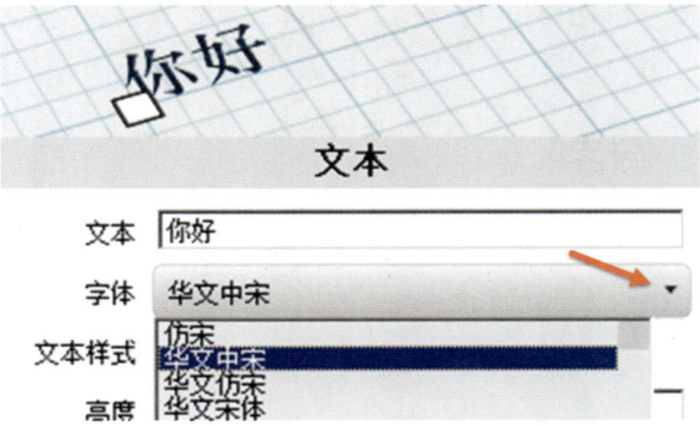

小强：字是平面的！

3. 拉伸文字

光标移到字上，点击，出现快捷菜单：

点击“拉伸文本”，拖动箭头或输入高度：

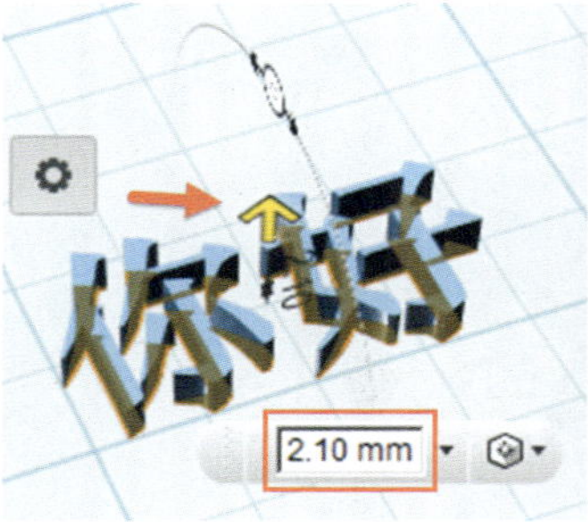

实例十　印章

1. 做底座

在工作台上放 1 个正方体，把正方体修改为长、宽、高分别为 15mm、25mm、25mm 的长方体。修改的方法有很多种，可以用挤出工具或推拉工具。在这里我们学习一个新工具。

【知识点 26】智能缩放

点击正方体，点击快捷菜单中的“智能缩放”，出现正方体尺寸，分别点击 3 个尺寸，直接输入数值：

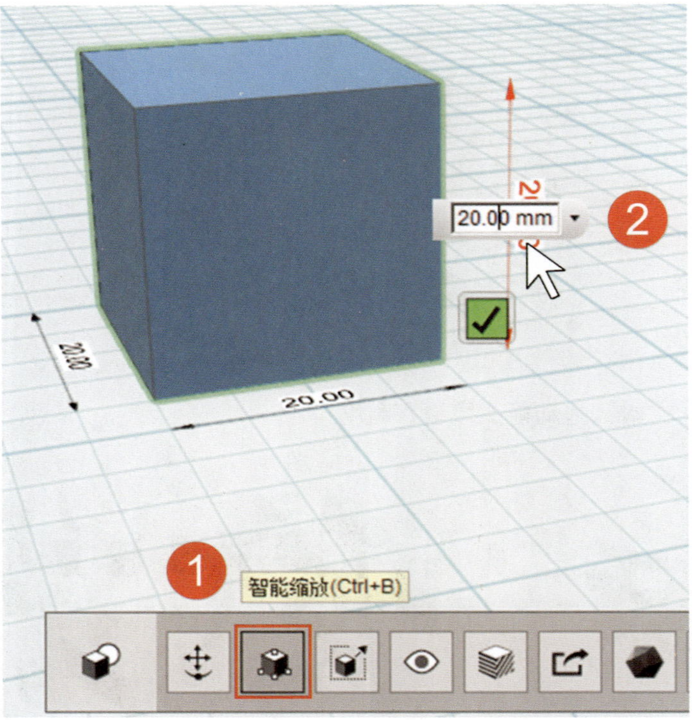

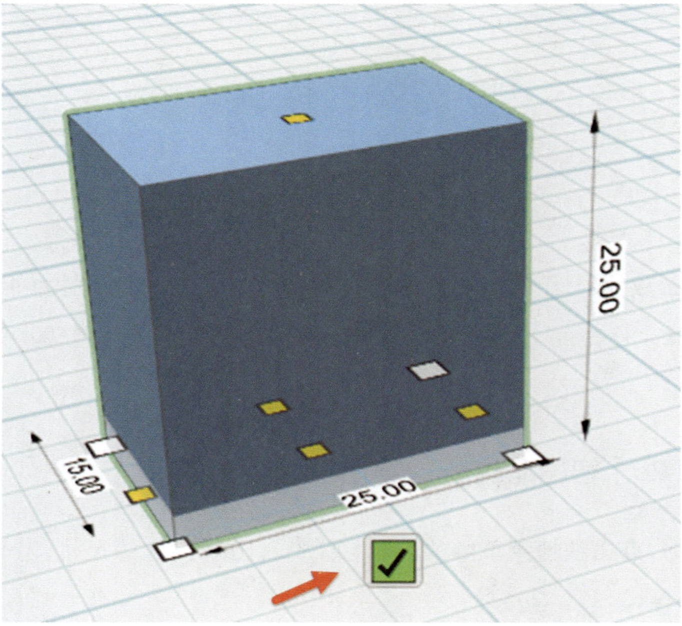

点击“退出模式”或按回车键。

另外，可以直接拖动正方体周围的10个小方块修改大小。下面介绍一个更快的方法。

【知识点 27】参数建模

点击“基本几何体”菜单中的“长方体”，将光标移到工作面（不要再点击！），出现快捷菜单：

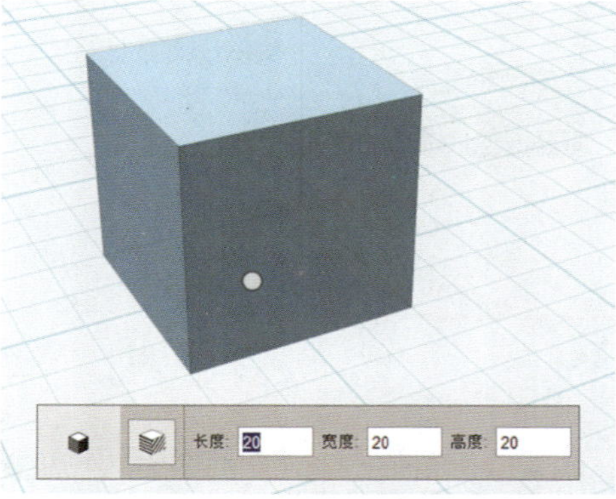

依次输入长、宽、高，按“Tab”键切换，点击或按回车键确定。凡是有数值要求的设计，都用参数建模。

2. 刻边框

刻边框是个细致活，要精确地在边缘画出草图：

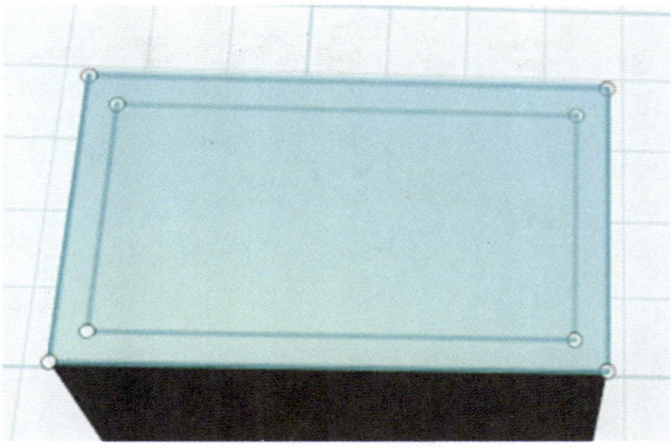

用草图工具可以做到。还有一个更好的工具——投影。

【知识点 28】投影

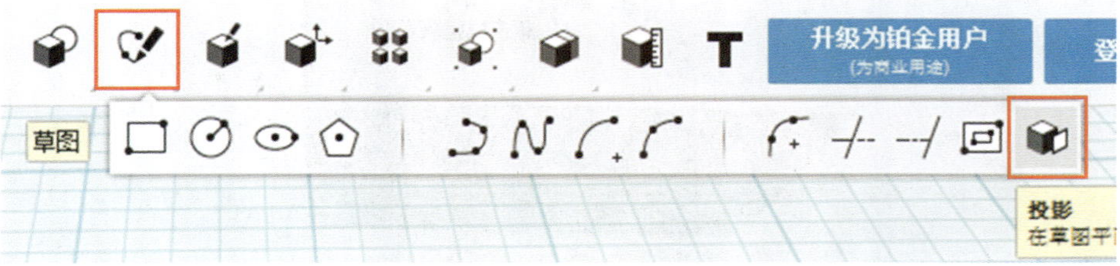

投影的意思是，把一个轮廓转化为草图。

(1) 点击“投影”，将光标移到长方体顶面，点击确定草图平面：

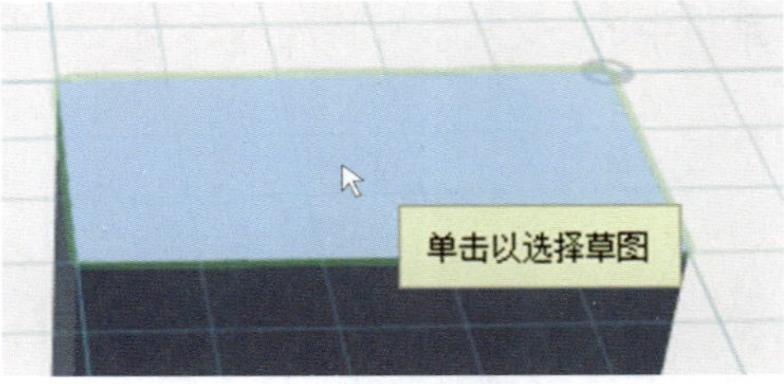

(2) 再次点击长方体顶面，得到边缘的投影草图：

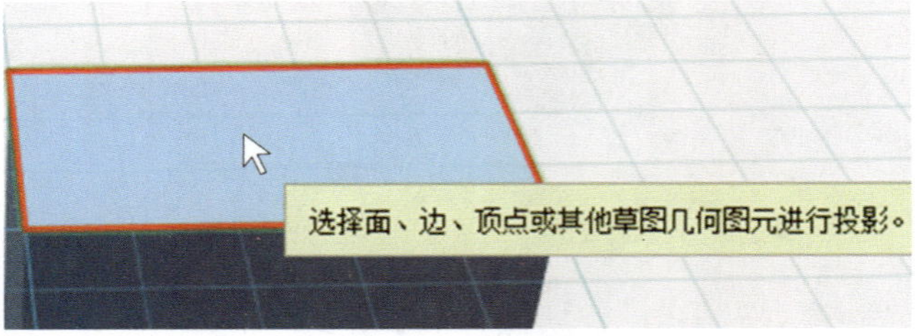

再使用草图画 1 个小一点的四边形，此时要用到偏移工具。

【知识点 29】偏移

(1) 点击“偏移”，点击顶面以选择草图：

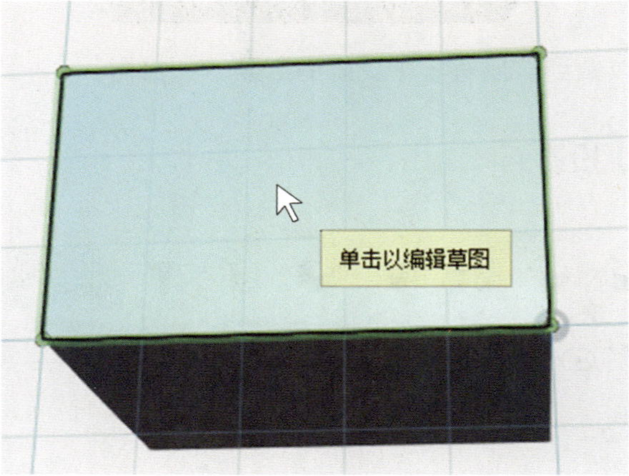

（2）点击边缘以选择要偏移的曲线：

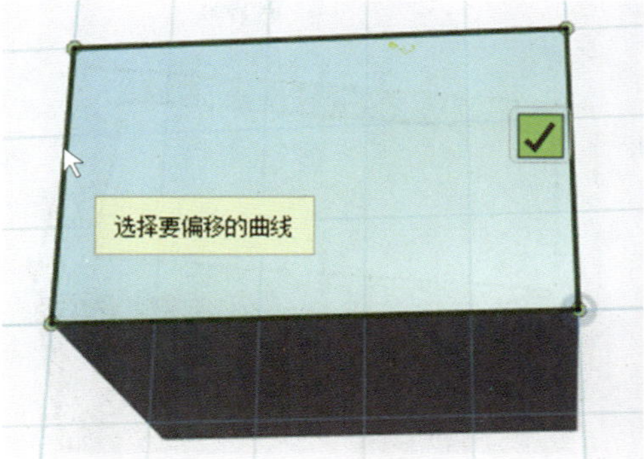

（3）移动鼠标（不是拖动！）到合适位置，再点击确定位置：

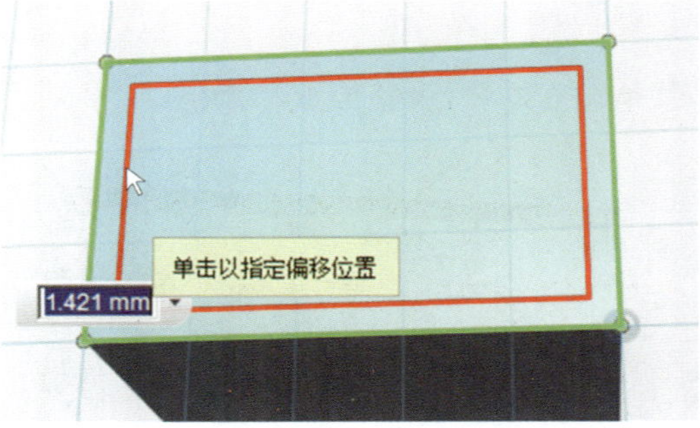

（4）点击“退出模式”或按回车键，完成。

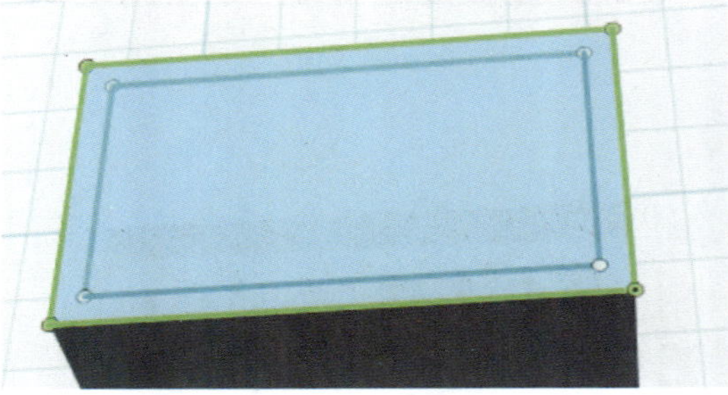

将边框拉高 2mm。将光标移到边框中间，会变色，点击选中：

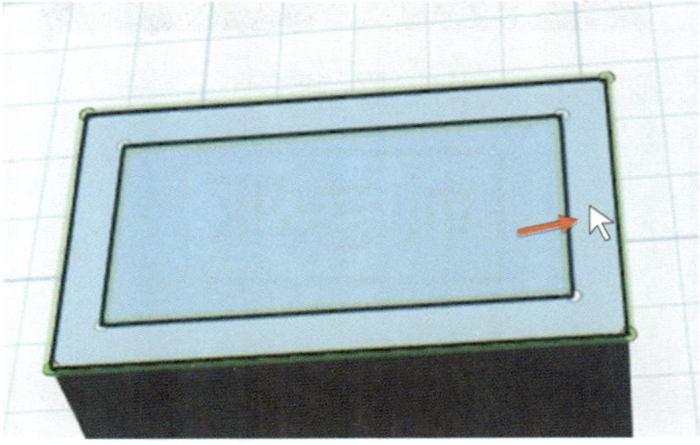

点击快捷菜单中的“拉伸”，拉高2mm，模式选择“合并”：

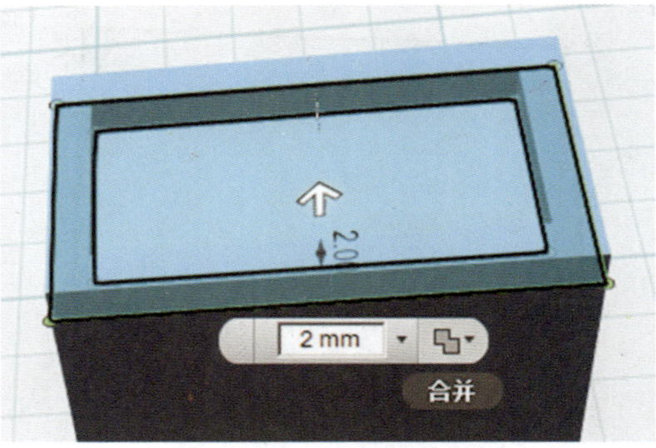

边框完成。

3. 刻字

在顶部用“文字”菜单输入姓名，调整位置和大小：

拉高2mm：

终于做好了。蘸点印泥，盖一下试试。漂亮！

小强：反了！反了！

老师：谁要反了？！

小明：字反了。

4. 镜像

印章上的字和印出的字是镜像对称的，就像我们照镜子一样，所以印章上的字要反刻。

【知识点 30】镜像

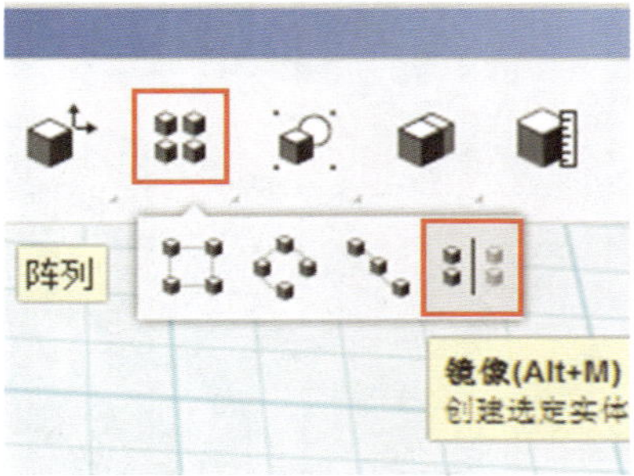

放 1 个正方体在印章的侧面（远近大小都没关系）。

点击“镜像”，分别选择印章作为实体，选择正方体的右侧面为镜子，在空白处点击：

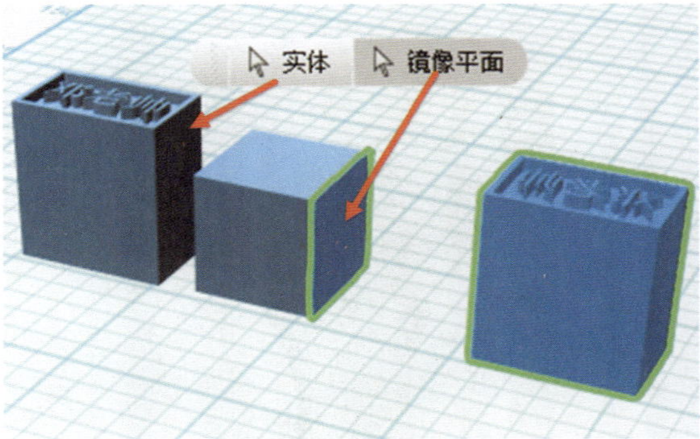

删除原来的印章和正方体：

作业

1. 给自己、家人或朋友做 1 个印章或藏书印
2. 创意骰子

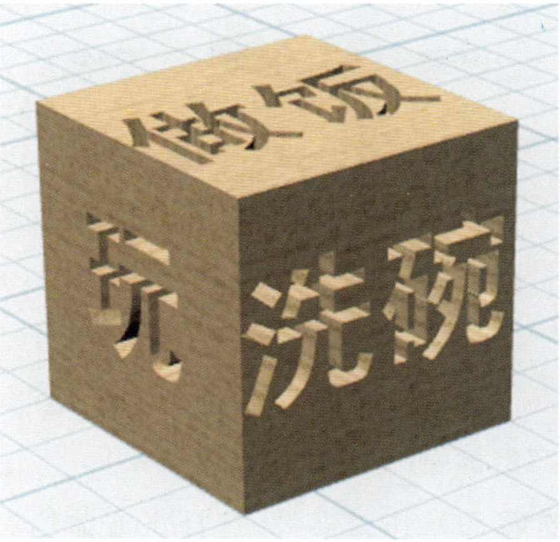

3. 圆把方头的印章

4. 挑战题

第 7 章 艺术畅想，做个笔筒

教育目标：学会群组。

教学重点：艺术思维。

从今天开始我们要做个性化的小制作，先从笔筒开始。

小强：我做好了！

一点创意都没有！

3D 打印的最大趣味，不在制作，在创作！我们设计的不是物品，是作品，是艺术！

那要做成什么样呢？没有标准答案。但有思维方法：首先是实现功能，功能之外，就是我们释放想象的空间了。比如，实现功能的载体不一定是几何体！

小红：我知道了，我做个动物！做只可爱的小猪！

小明：我做只小刺猬！

老师：小明很棒！

实例十一 刺猬

建模思路：刺猬身体：小球拉长；头：放样；笔孔：切割。

1. 刺猬身体

放 1 个直径为 40mm 的球，*Y* 方向拉长 1.5 倍：

放 1 个正方体：

切去椭球的一部分：

点击球体，再点击切面，点击“压/拉”，可以修改切面：

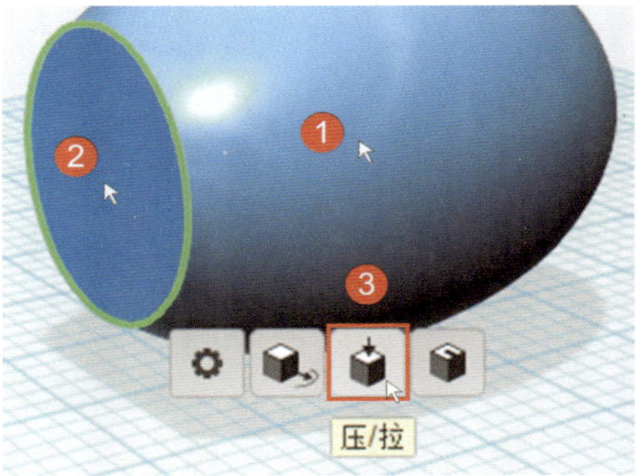

2. 刺猬头

放样做头，先要准备 3 个面，刚才切出来了 1 个，还要准备 2 个。

用草图工具在切面中心画 1 个圆：

点击刚画的圆中间，选中它，移出来并转动一个角度：

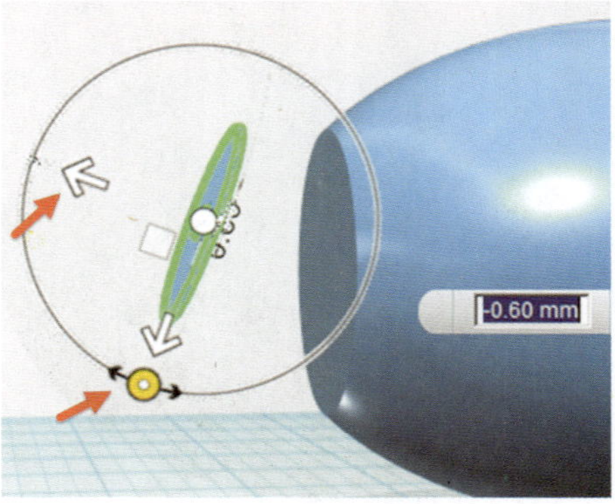

再复制 1 个，拖动圆的边缘可以修改大小：

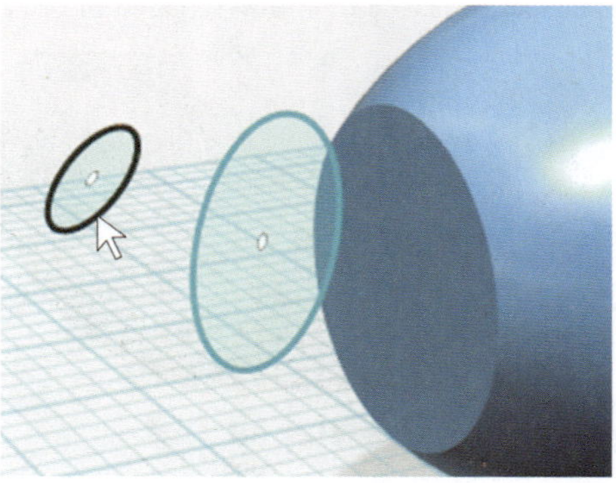

选中身体上切出的圆面，按 shift 键，再分别选中另外 2 个圆，点放样工具：

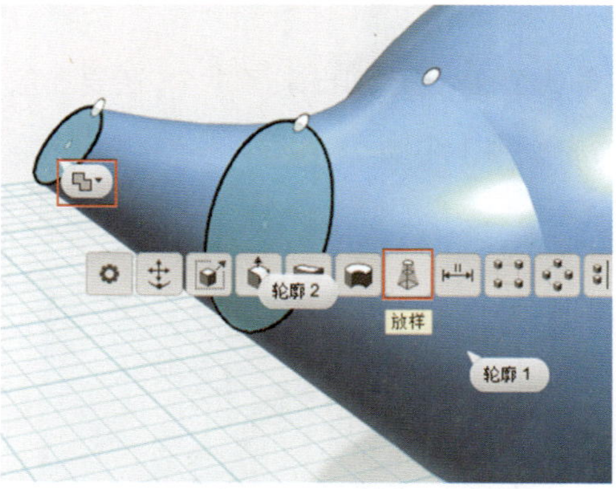

提示：一定要选中圆面而不是圆圈！ 光标移过去有绿环、中间变为蓝色才是选中了圆面。小圆要放大才能选中。

点击切面边缘，倒角：

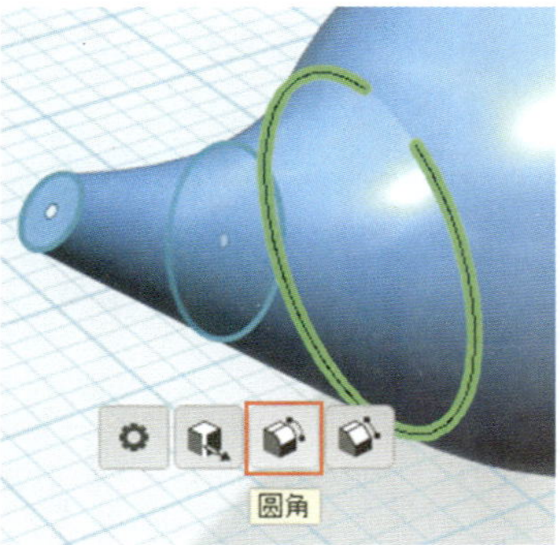

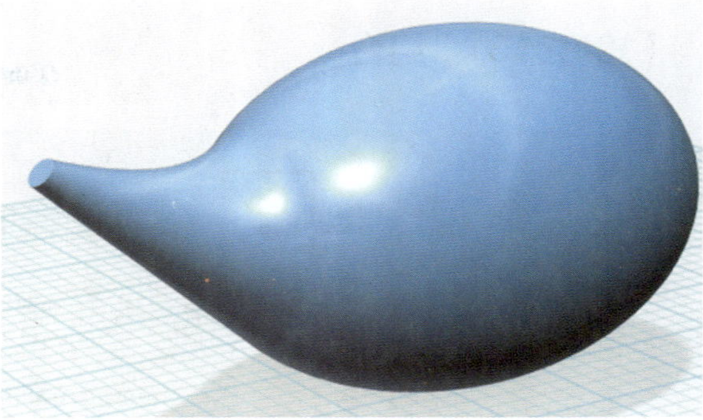

放 1 个小球做鼻子(吸附工具),再复制 2 个小球,移到头上做眼睛:

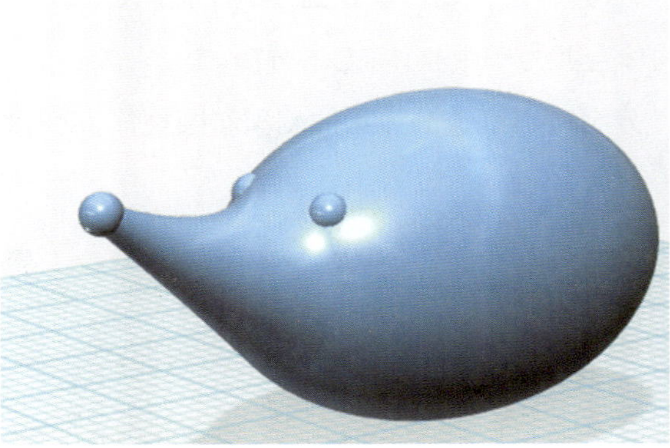

3. 笔孔

放入 1 个圆柱体,半径为 5mm,高 100mm(参数建模、Tab 键切换):

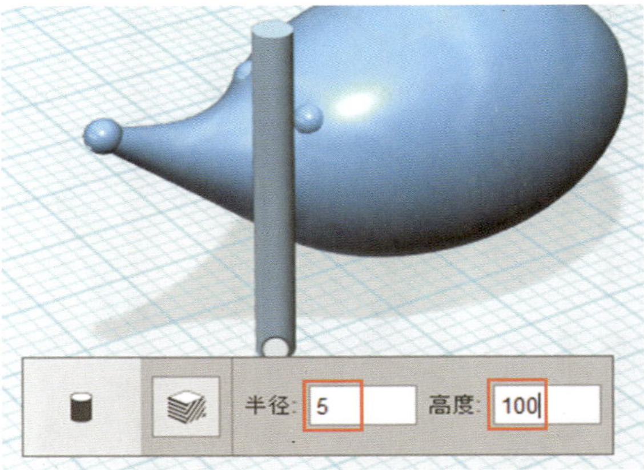

用对齐工具把圆柱体移到身体的中间。先要把身体和头打包成组,否则会乱套。

【知识点31】组合

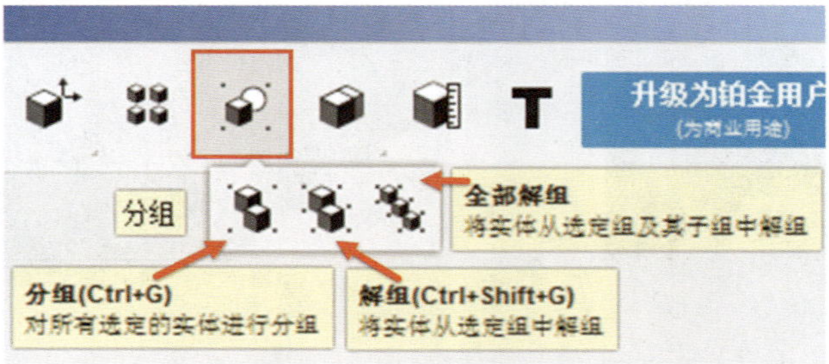

组合是捆绑的意思，其中每个物体都是独立的个体，只是绑在了一起，组合可以解散。而联合是几个物体合并为一个整体，无法分离。

框选刺猬，点击“分组”，再框选分组后的刺猬和圆柱体，点击对齐工具：

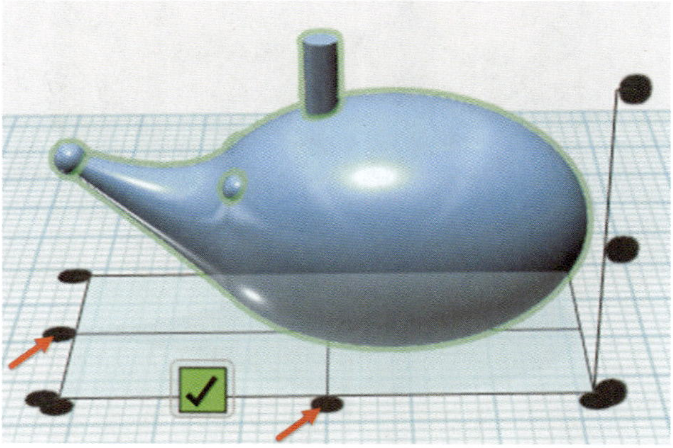

把圆柱体移到背部中间，上移20mm，再复制2个，分别移到两边，并旋转20°：

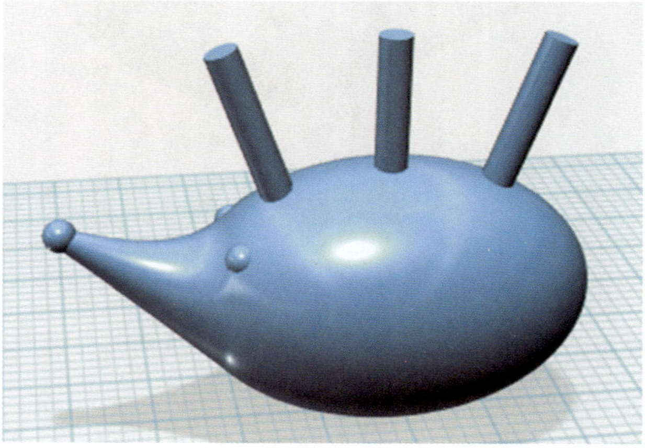

组合3支笔，复制2份，分别移到前后相应位置，并旋转20°：

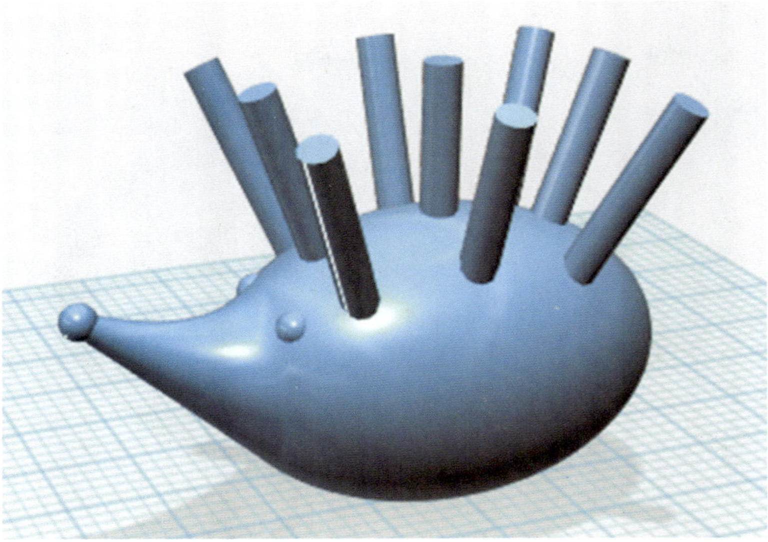

用笔去切割刺猬：

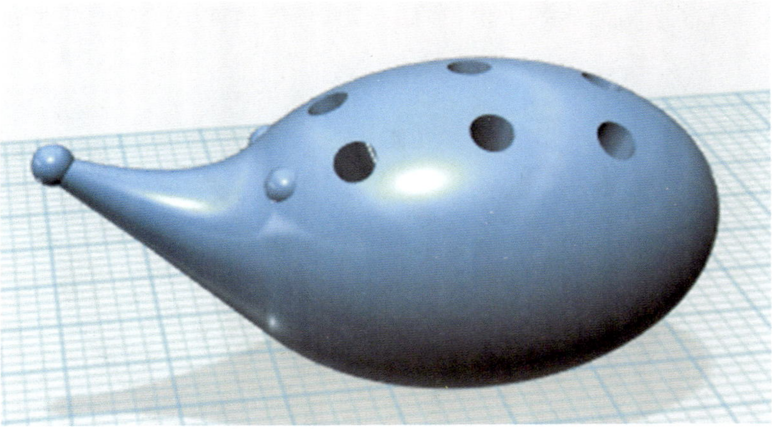

把底部切平：

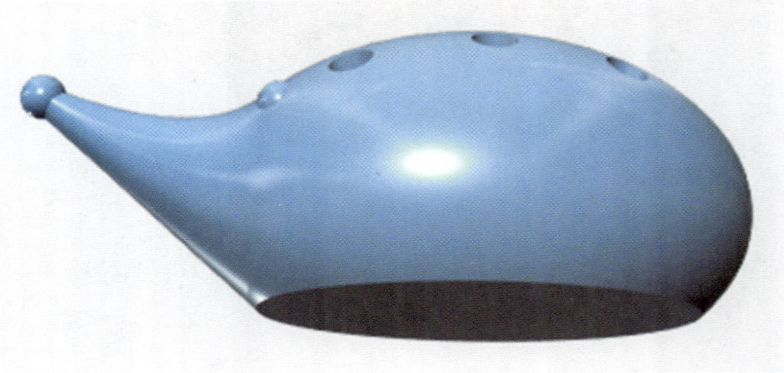

4. 贴字

桌面上打字，然后移到侧面，并镶进去：

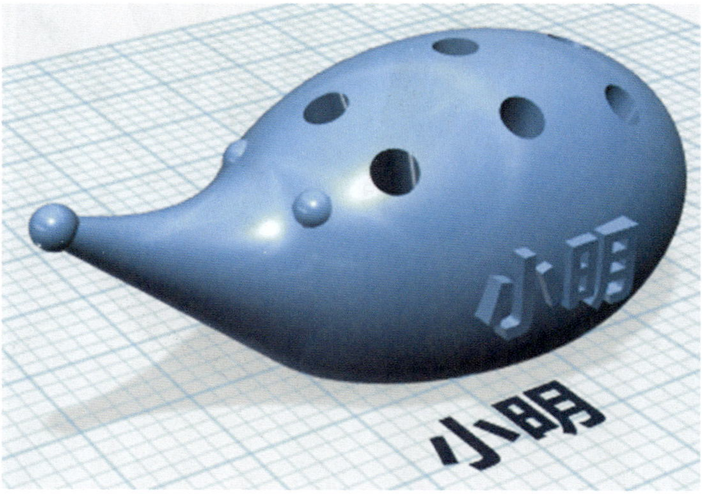

如果在圆柱体切割前复制 1 份，移到一边，可以做成笔。隐藏轮廓线、草绘线，上色：

作 业

1. 设计 1 个不一样的笔筒
2. 卫生牙杯

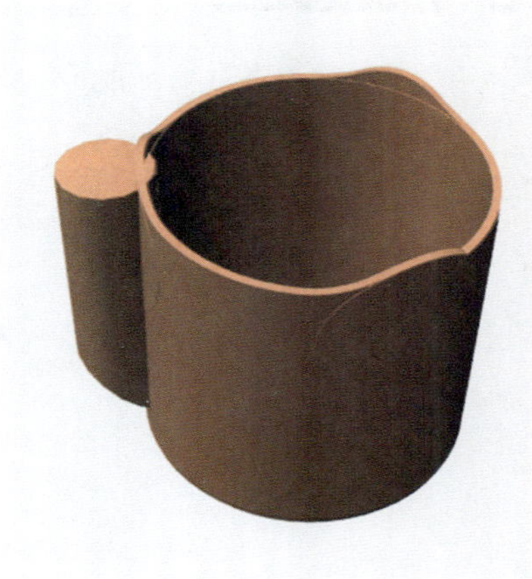

第 8 章

思维体操，手机底座

8

教育目标：学会隐藏物体、导入文件。

教学重点：结构设计、创造性思维。

实例十二 简易手机座

1. 做手机模型

用游标卡尺测量手机的大小。以 iphone 6 为例，三围分别是 77.8 mm、7.1 mm、158.1 mm。

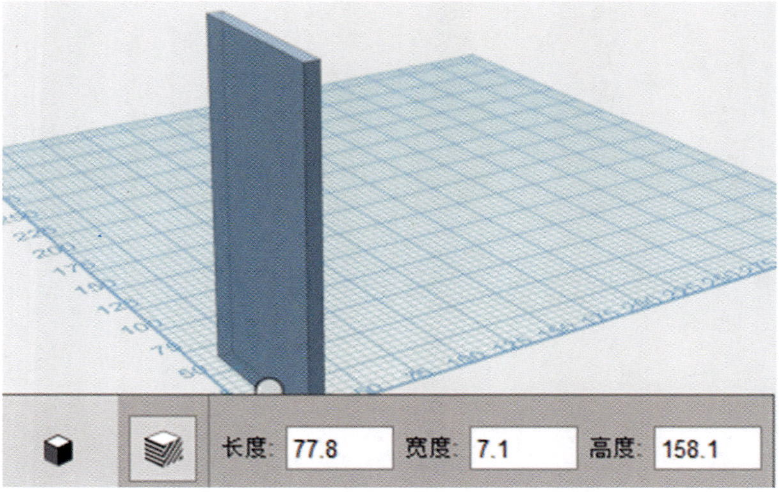

每个边都倒圆角：

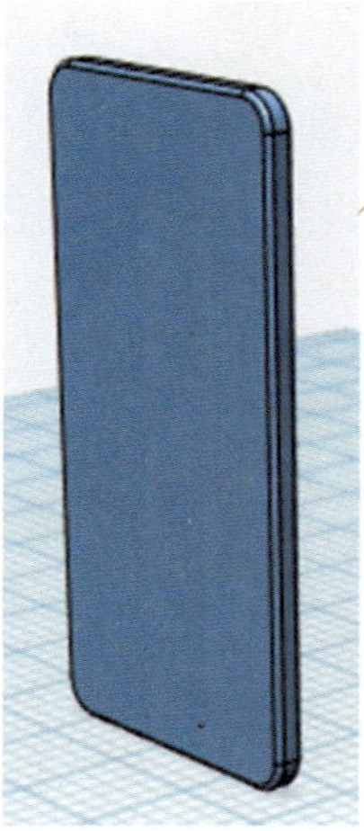

把它隐藏起来，备用。

【知识点 32】隐藏

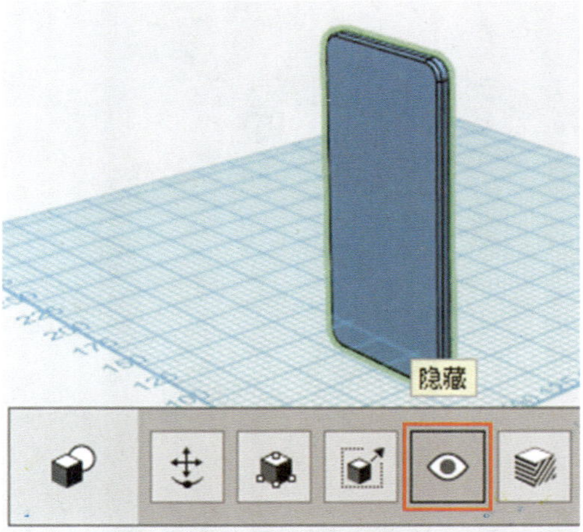

点击手机模型，点击快捷菜单中的“隐藏”。要重新调出隐藏的物体时，点击视图工具中的“显示实体/网格”：

2. 做手机座

建模思路：用 2 块长方体组成最简单的倒“T”形。

长方体的长和宽要比手机略大，所以尺寸分别为 82mm、11mm、60mm：

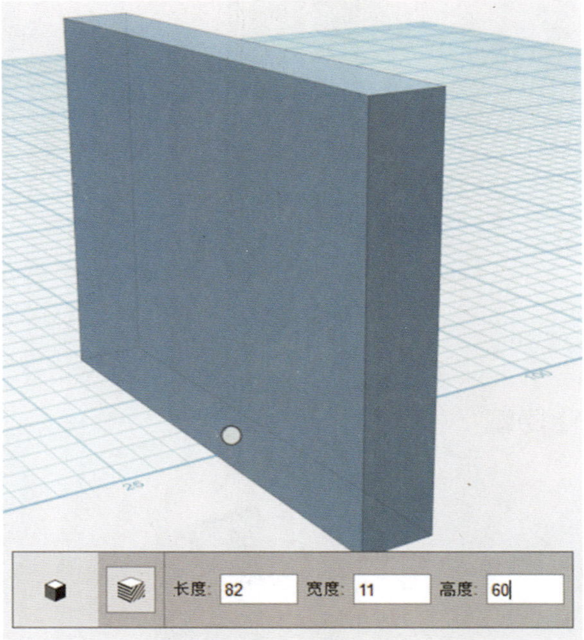

复制 1 块，旋转 90°，对齐成“T”形：

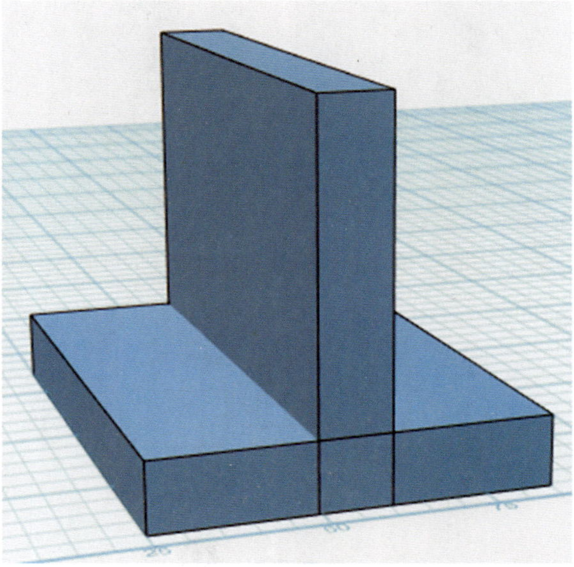

上表面抽壳 1.5mm，各边倒圆角：

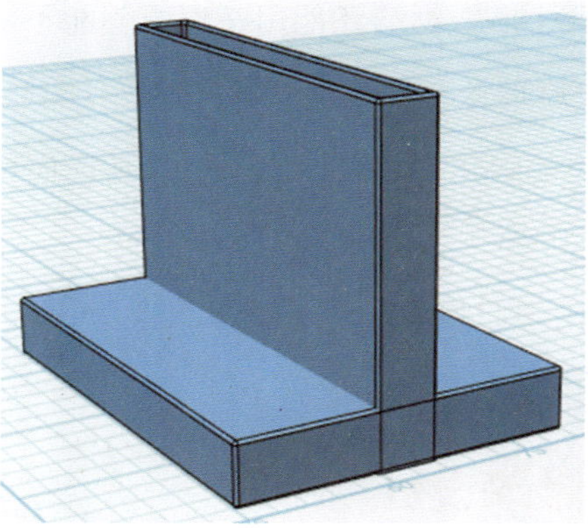

调出隐藏的手机模型，移到中间（用吸附工具）：

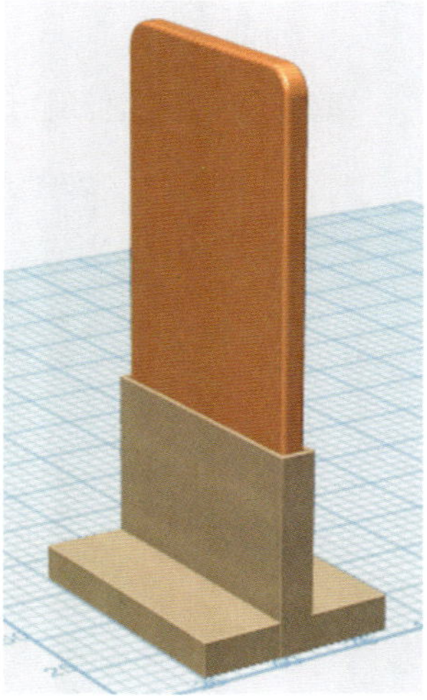

小花：太高了！

小红：太正了。

小强：手机不能横着放。

小美：一点儿也不好看。

小明：功能太单一了。

老师：你们能不能换一种说法？

小花：矮一点就好了。

小红：倾斜一点看起来更舒服。

小强：我希望能横着看电影。

小美：我希望做得好看点。

小明：我希望附加一些其他功能。

【知识点 33】思维体操

挑毛病的习惯，正是一种创新思维：缺点列举法。通过列举产品的缺点，我们会进一步寻找改进的方法。

提出自己的期望，又是另一种创新思维：希望点列举法。除此之外，还有很多创新思维方法：

（1）加一加：增加功能，比如铅笔上绑上橡皮擦、瑞士军刀。

（2）减一减：去掉多余功能，比如固定扳手。

（3）改一改：改变结构、颜色、形状、气味、原理、次序会怎样？比如，煤气加进硫化氢就有臭鸡蛋味道，很容易引起注意。

(4)移一移：这种原理、方法、材料还能用在哪里？能不能把别的原理、方法、材料用在这里？比如超声定位原理源自蝙蝠。

(5)反一反：缺点能不能转化为优点？能不能反其道而行？比如吸墨水纸是用次品开发出来的。

好了，我们现在根据同学们的要求，一起来改进。

实例十三 修改设计

1. 降低高度

隐藏手机模型，用“压/拉”工具压低竖直部分。放大视图，点击顶部：

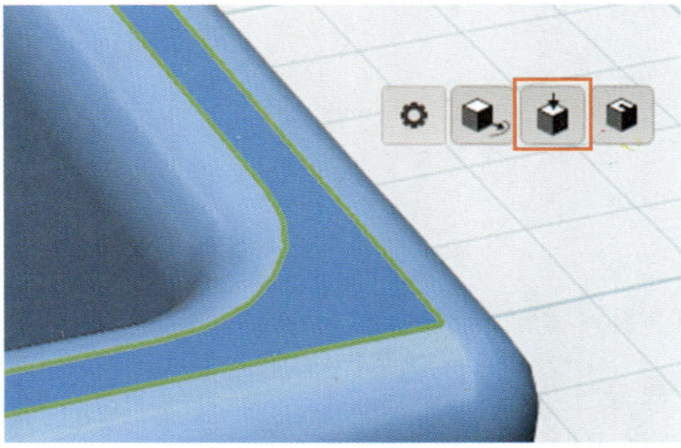

压低 25mm：

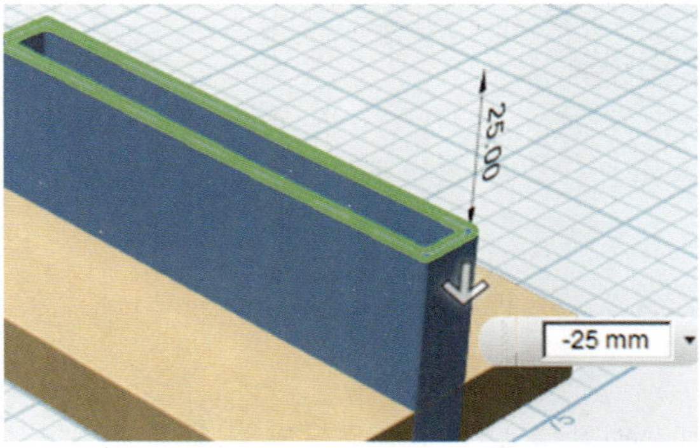

小强：我的是无效操作！

老师：这是因为，我们把所有的边缘都倒了圆角！这件事提醒我们，在一件作品完工前，切记不要急着倒角！删除顶部倒过的圆角的办法是，选中倒过角的边缘，按 Delete 键删除。

小强：删除不了，是无效操作！

老师：这是因为，我们倒角时是有顺序的，要删除倒角，得按相反的顺序删，要先把最后倒的角删除。

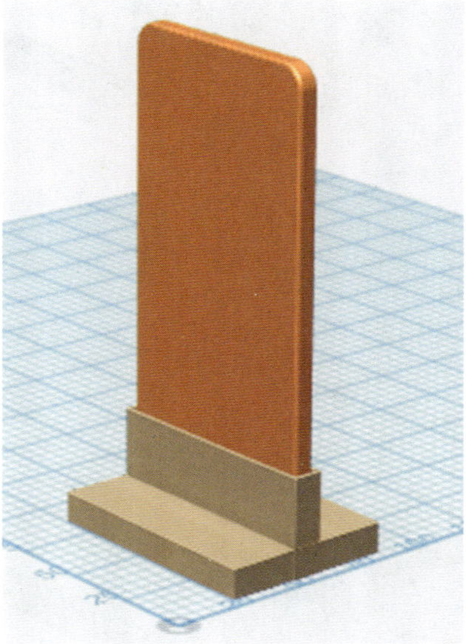

2. 调整角度

选中竖直部分，用移动旋转工具，移高 3mm，旋转 −15°：

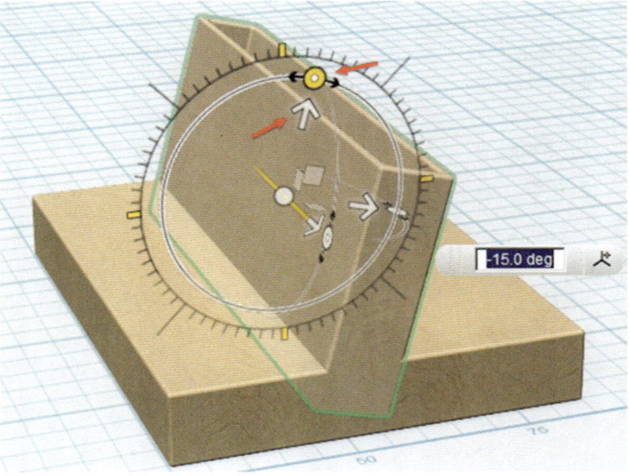

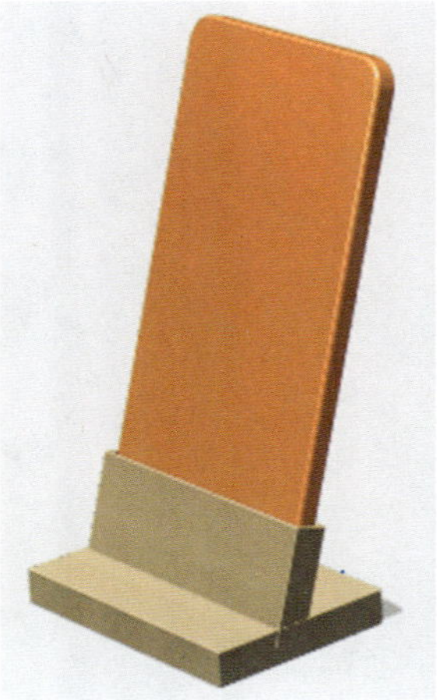

真的好看多了。

小红：前面的挡板能不能去掉？我按不了主键。

小强：将中间挖掉一块。

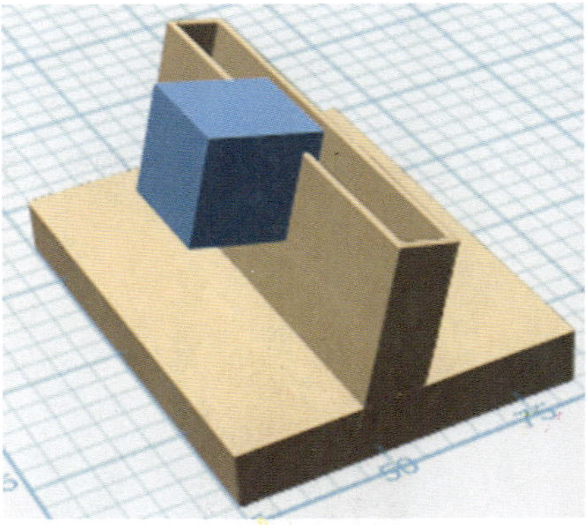

3. 能平放的手机座

小强：前面加 1 个挡板。

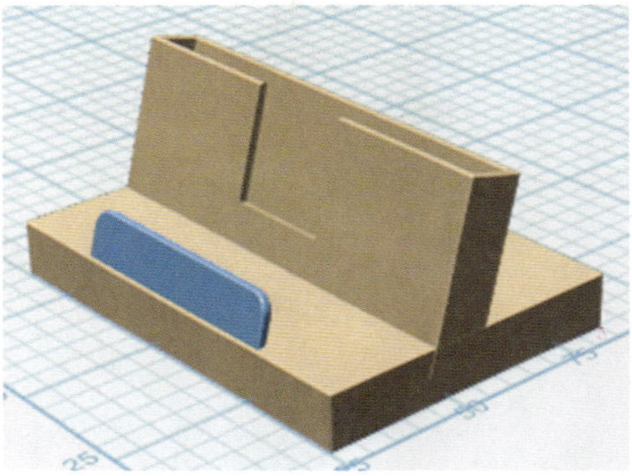

小明：没这么复杂。

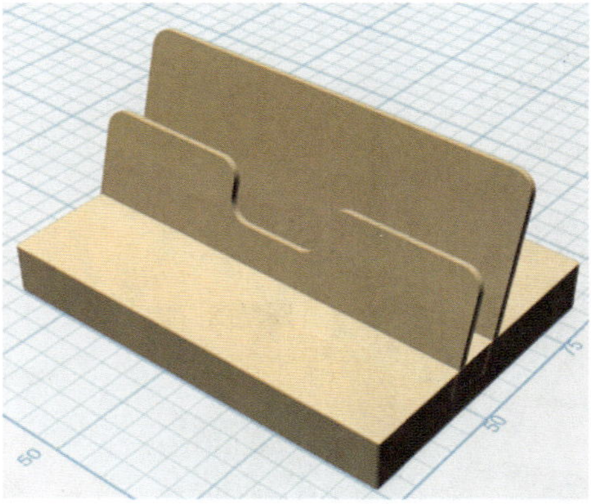

老师：聪明！

4. 有艺术感的手机座

扫掠产生 1 个曲面几何体：

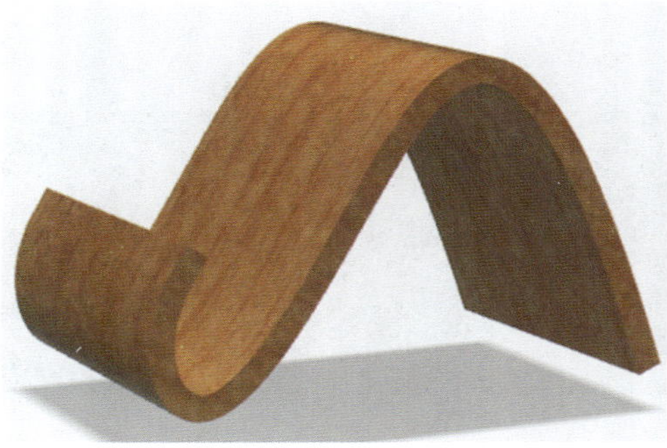

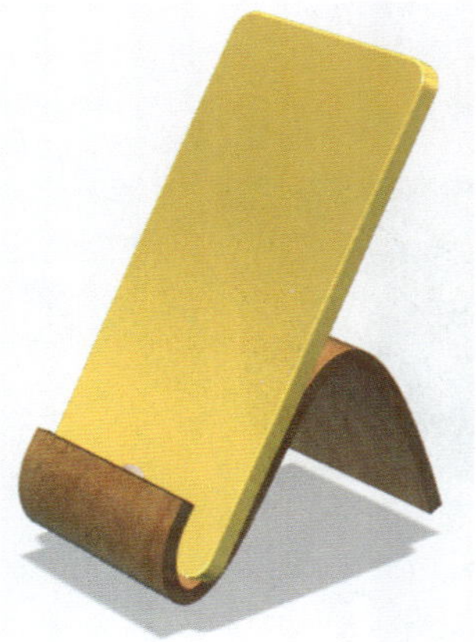

5. 带充电的手机座

建模分析：要增加充电功能，只要把充电插头镶进去就行了。所以，我们要先做一个充电头，然后用它去切割手机座。

1）做充电头

以苹果手机为例，按照尺寸做充电头，长 7.85mm、宽 4.5mm、高 12mm，倒角：

2）做充电头座

放 1 个长方体，修改到合适大小，中间开槽，再放入充电头：

用充电头切割：

3）**贴到手机座**

将这个部件贴到之前的手机底座上去。之前做好的手机底座存储在另一个文件中，如何调用？

【知识点 34】导入文件

下拉主菜单，将光标移到“导入”，点击“3D 模型”，导入先前做好的艺术手机底座：

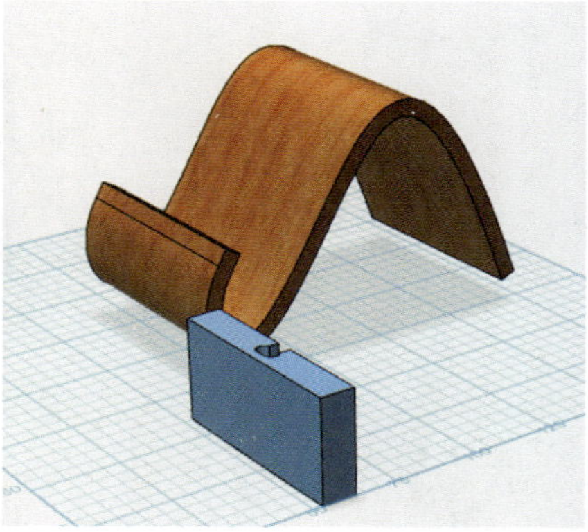

调整位置：

小明：充电线又放不进去了！

在底座对应插头的位置挖 1 个槽：

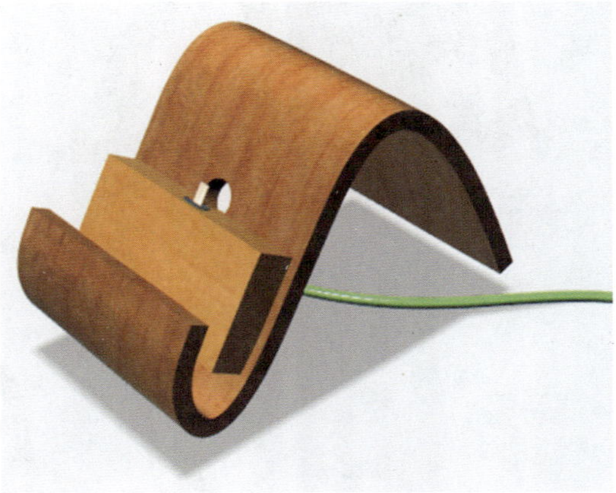

手机放上去能充电，还能看电影，太完美了！

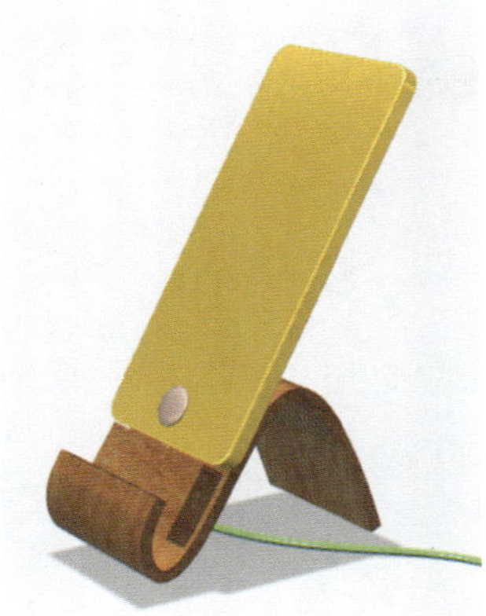

作业展览

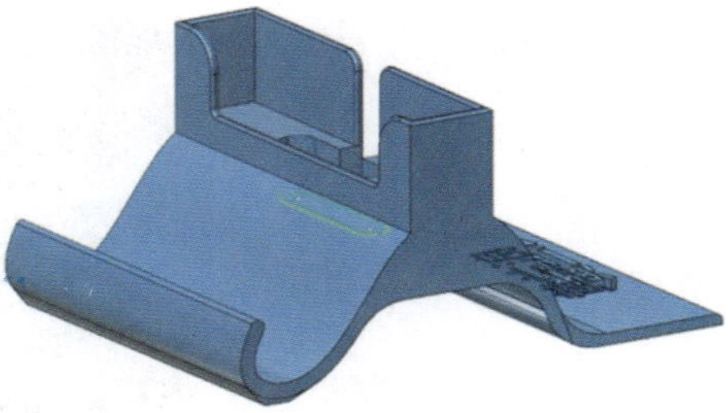

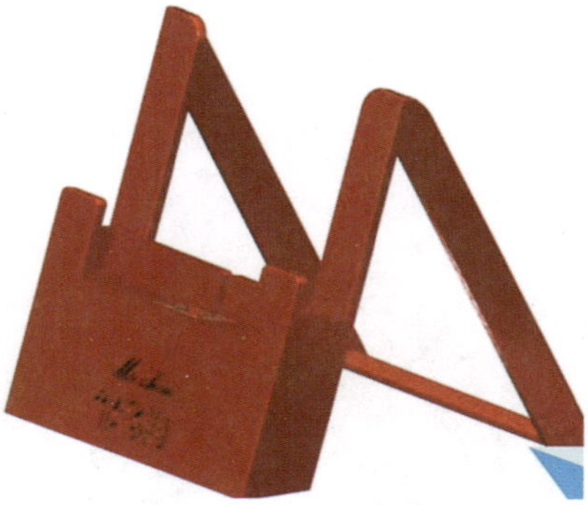

（可以镶镜子）

（可以折叠）

第 9 章

分割建模，随心所欲 9

教学目标：分割建模。

教学重点：不规则模型建模技巧。

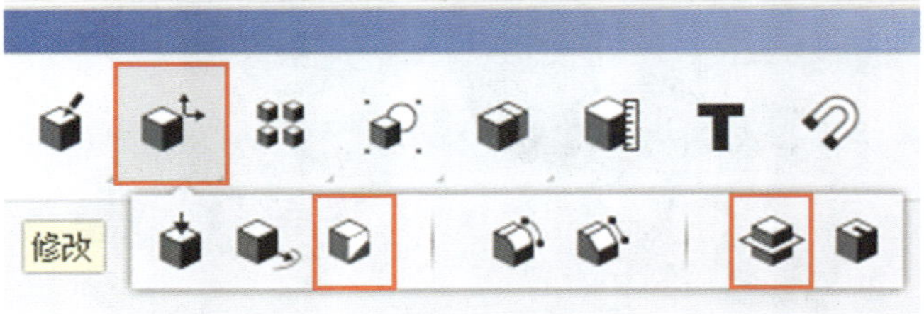

3D 建模有很多种方法，大致可分为 2 类：NURBS 和多边形网格。通俗地说，就是曲面建模和几何面建模，前者更细腻，后者更粗犷。而 123D Design 是简化了的多边形建模软件，这样的“基因”决定了 123D Design 擅长做几何体，做曲面模型时会显得“先天不足”，特别是面对不规则的曲面时，会显得蠢笨。在这一章中，我们将探索一些不规则建模的思路。

比如下面这个手环，看上去很复杂，貌似无从下手，其实很简单。

小强：怎么做？

【知识点35】分割

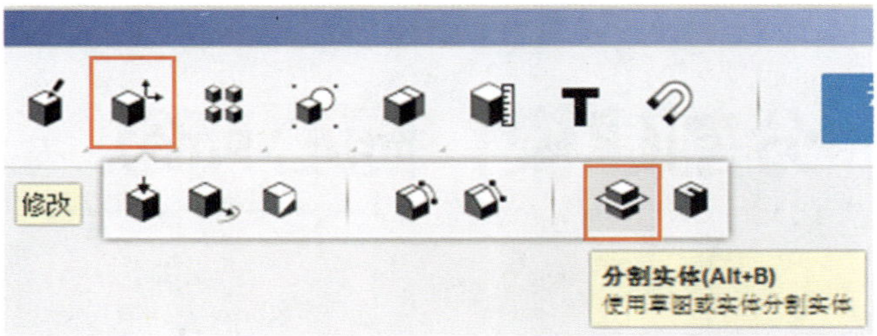

合并菜单中，有1个"相减"（切割）工具，修改菜单中，有1个"分割"工具，这2个工具有什么不同呢？做实验看看吧。

1个立方体和1个球相交，用球去切割立方体，会切出1个缺口，球也不见了：

点击"分割"工具，出现对话：

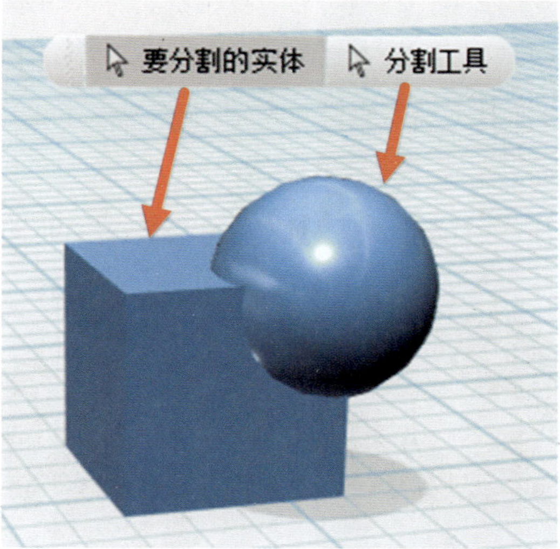

选择立方体为要分割的实体，球为分割工具，按回车键：

小强：没什么变化。

老师：拖开看看。

小强：还是没什么变化！

小明：有变化！拖相交的部分，立方体被分割了。

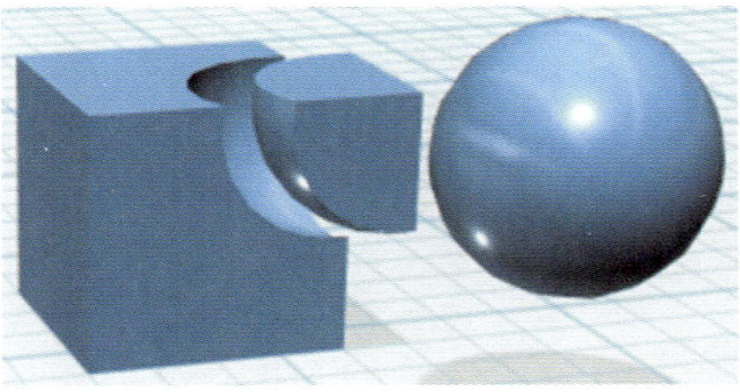

老师：想想看，这个工具有什么用？

小强：有用，做杯子把时就不用再复制 1 份了。

更奇妙的是，不仅能用实体做分割工具，面和线也行。在立方体正下方画草图：

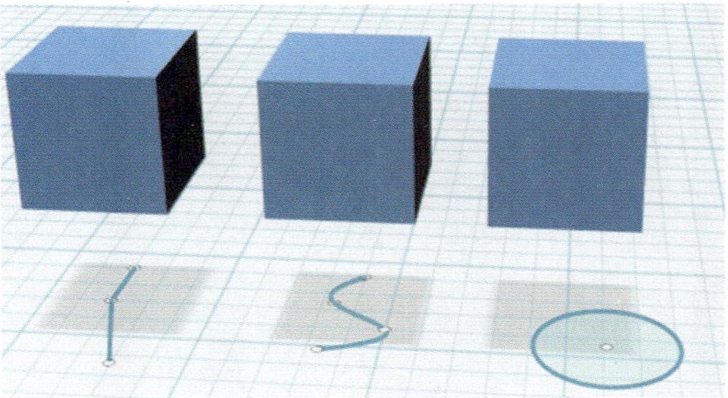

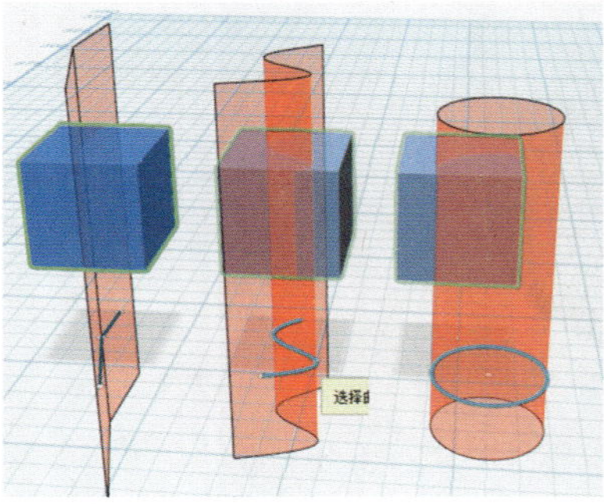

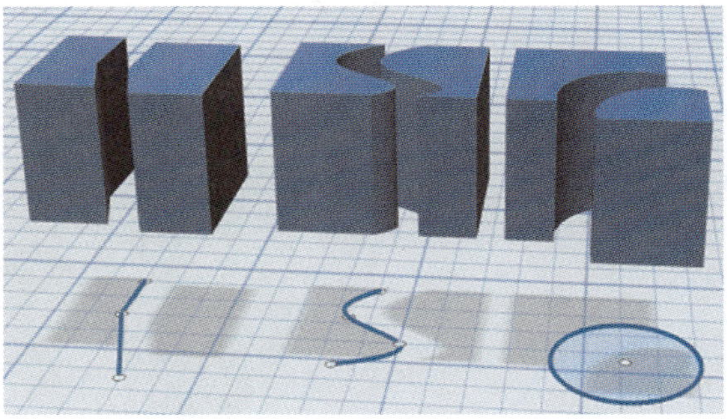

小强：我想横着分割怎么办？

老师：分割方向与草图所在的面是垂直的，横着分割要在立方体的侧面画草图：

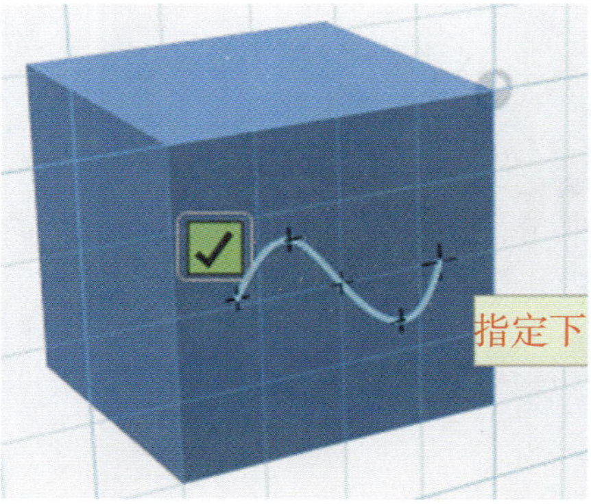

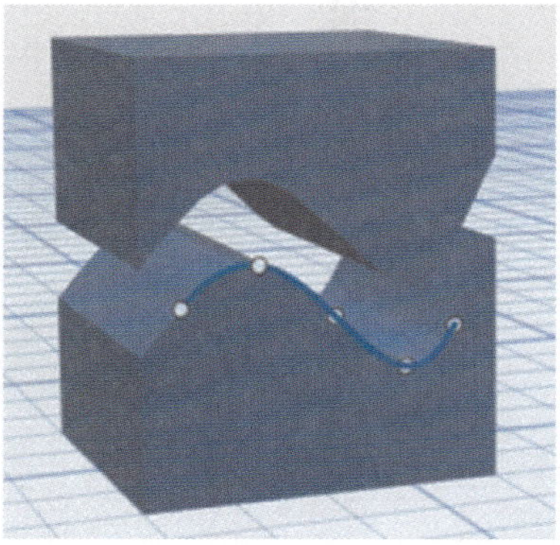

从上图可以看出，草图的延长线也能分割实体。不仅实体，任何一个面都可以被分割，请自行研究。

回到手环。

实例十四 手环

建模分析：这个手环的截面是不规则的，可以用草图拉伸：

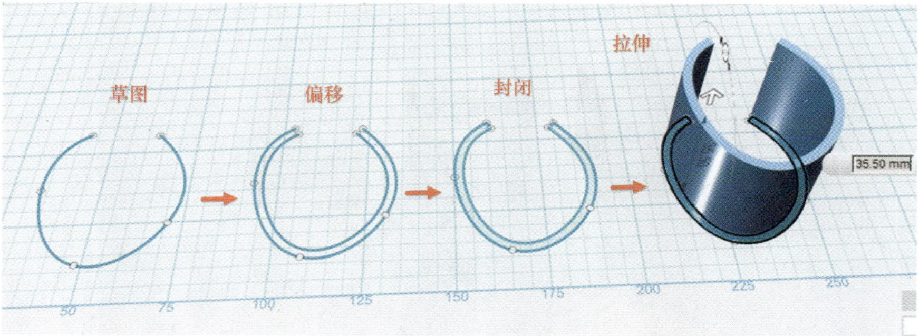

侧面用曲线分割。先放 1 个立方体，切换到前视图，在它的侧面画草图：

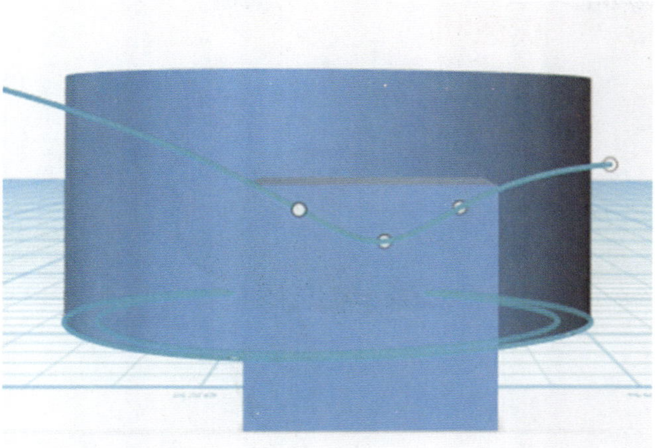

用曲线分割，删除多余部分和立方体：

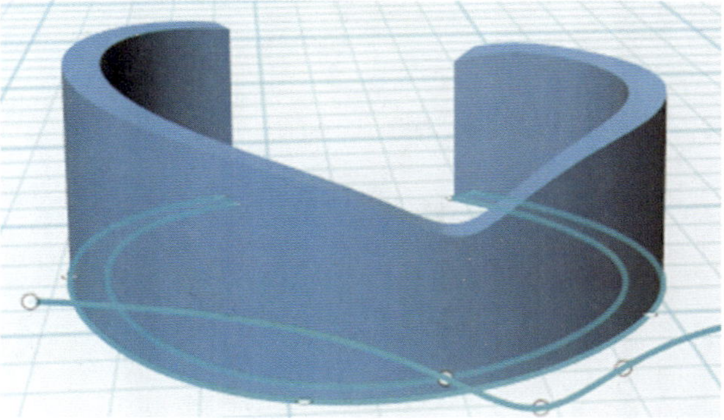

倒角，打孔，镜像：

实例十五 吹风机

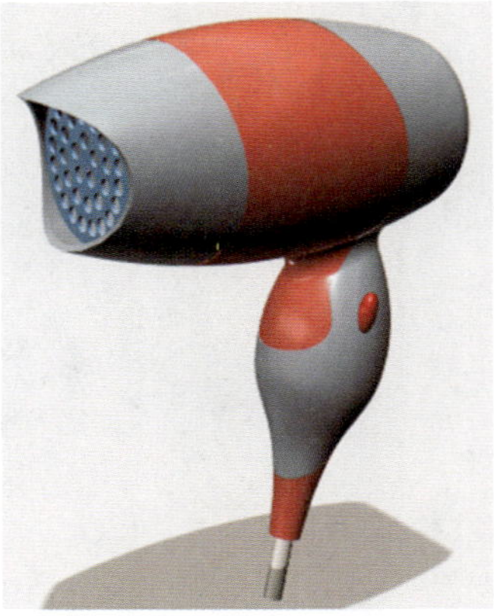

1. 建主体

用放样或旋转工具构建机身和把手：

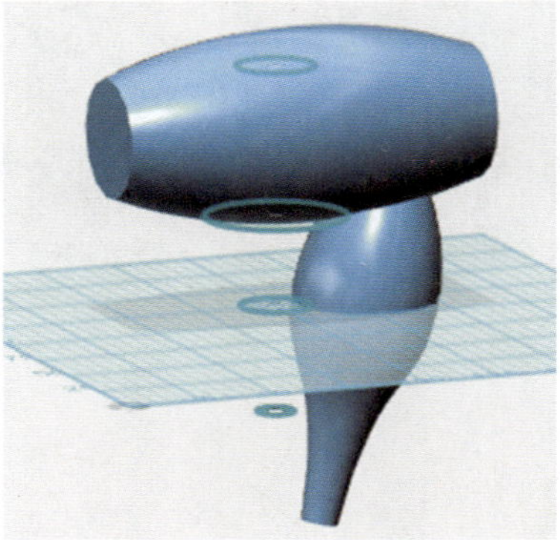

合并，相接部位倒角，风嘴抽壳：

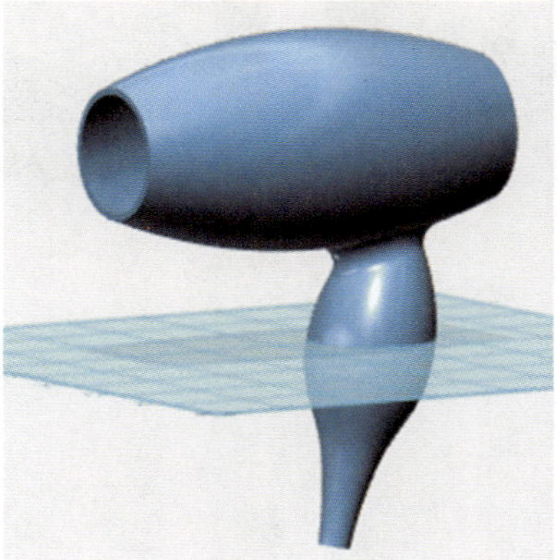

2. 分割

放入 1 个立方体做参考，在其正面画出用来分割的曲线：

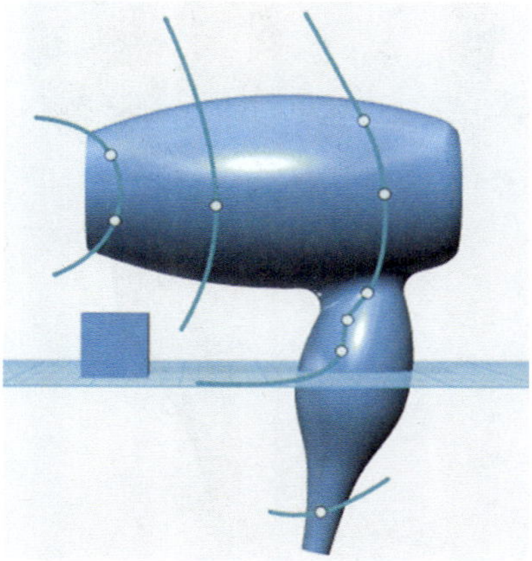

分割，删除嘴部：

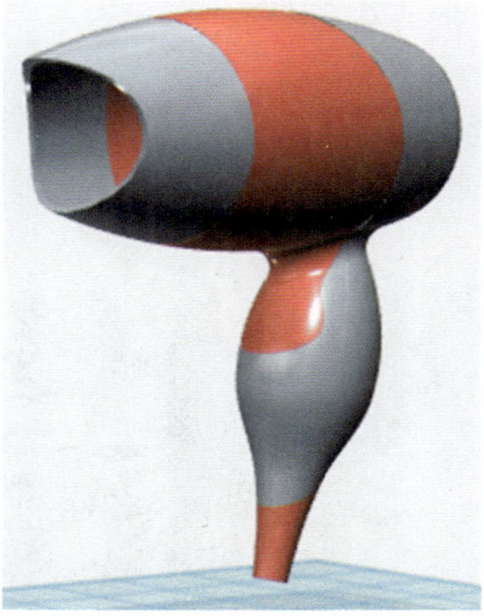

3. 风口挡板

放 1 个圆柱，用阵列工具切空，做成前、后风挡：

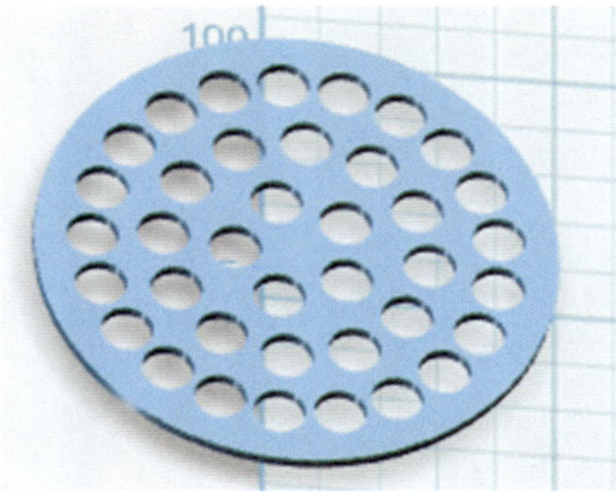

加上开关、电线：

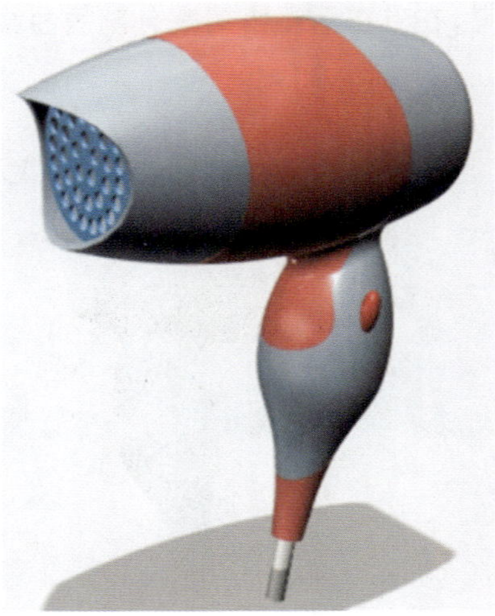

不错，有工业设计的味道了。

作 业

1. 螺旋桨

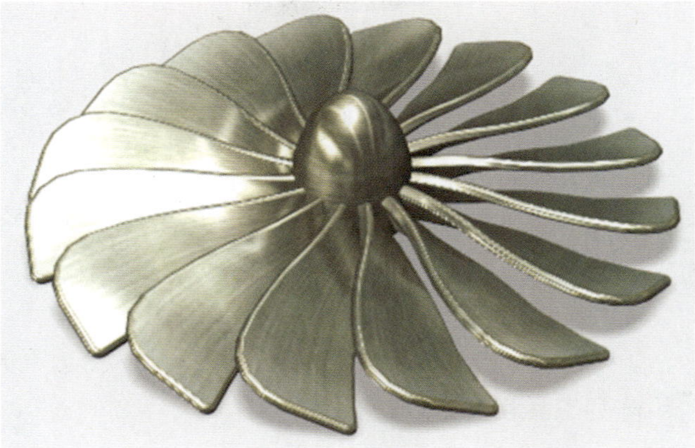

2. 耳机

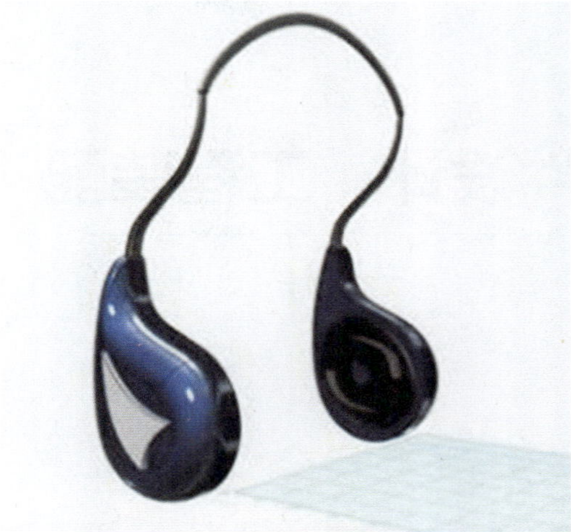

3. 艺术花瓶

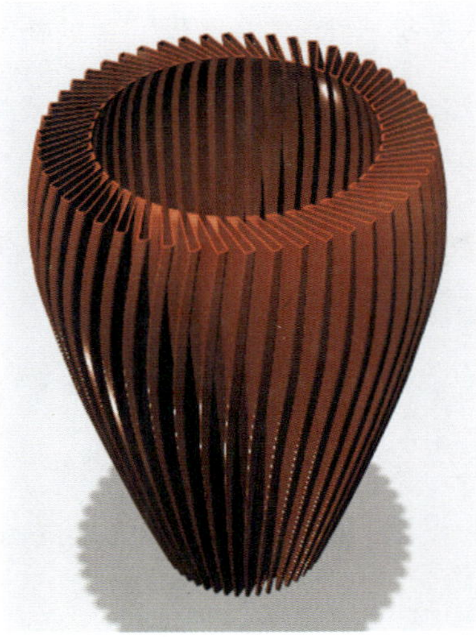

第10章 零件设计，工程装配

10

教学目标：零件设计、装配。

教学重点：零件设计。

我们前面设计的作品大多是一个整体，而现实中的物品，因为功能的需要，往往是由多个部件组装而成的。

实例十六 螺丝

1. 弹簧

这个弹簧看上去很复杂，其实很简单，只需要3步。

第一步，放个圆环，画条直线：

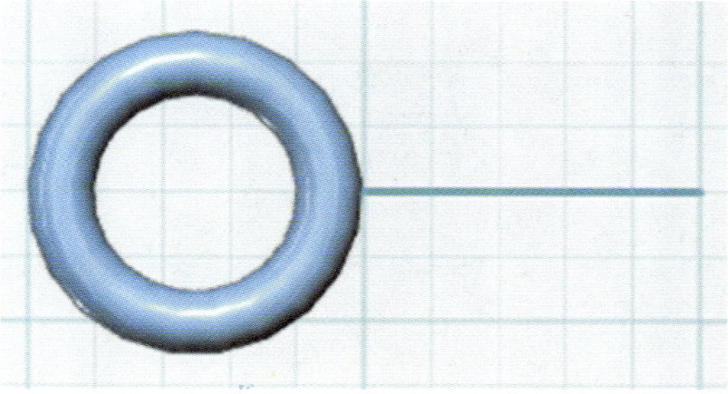

第二步，居中分割，两部分分别旋转 +15°、−15°，吸附：

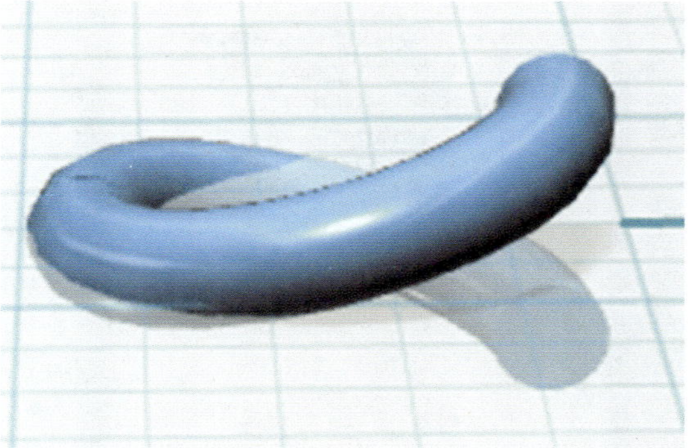

第三步，合并，放 1 个立方体，利用 1 条边阵列：

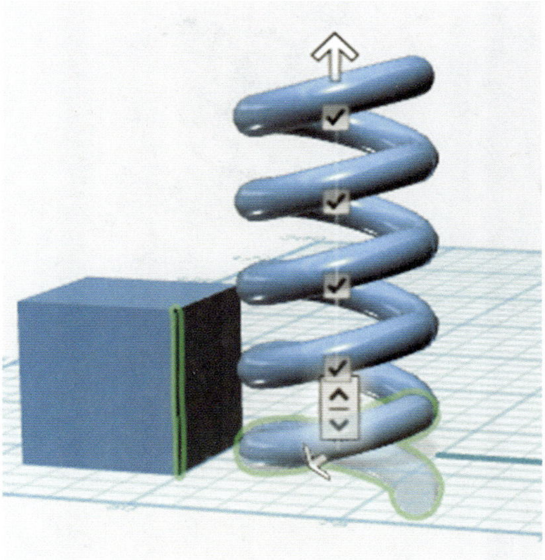

如果没有对齐，用吸附工具。

2. 螺丝

压缩弹簧做螺纹：

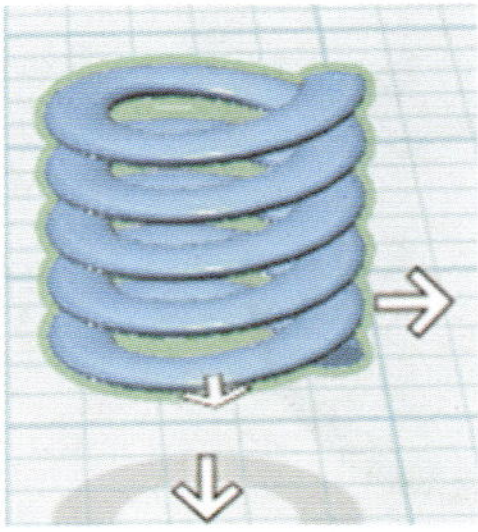

圆柱做螺杆：

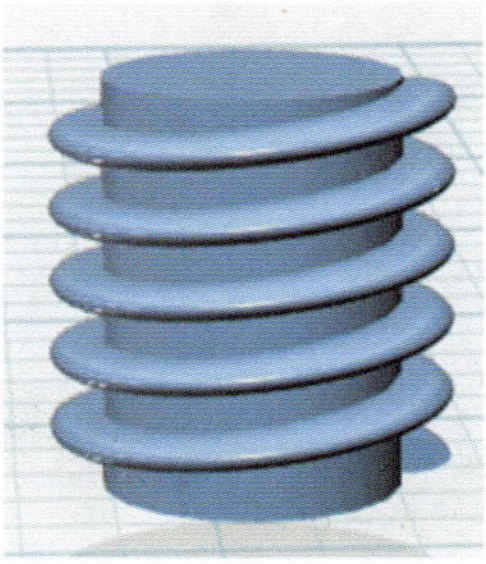

六棱柱做螺头：

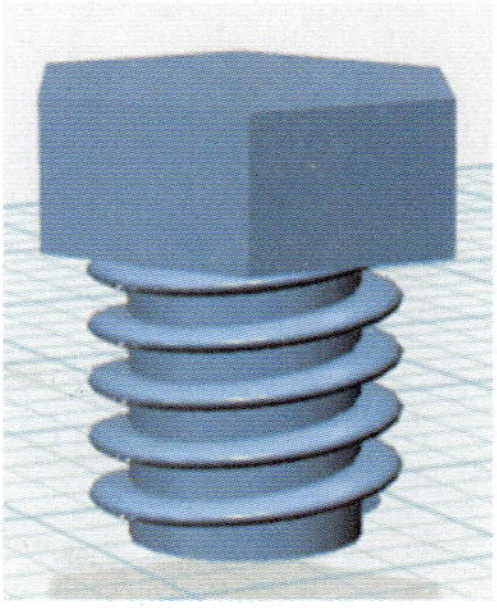

小强：螺母怎么做？

小明：用螺丝去分割！

实例十七 齿轮

草图画 1 个直径为 40mm 的圆，挤出 8mm 做齿基，放 1 个边长为 8mm 的正方体到齿基边缘：

想要把齿前端缩小一点，怎么办？

【知识点 36】 扭曲

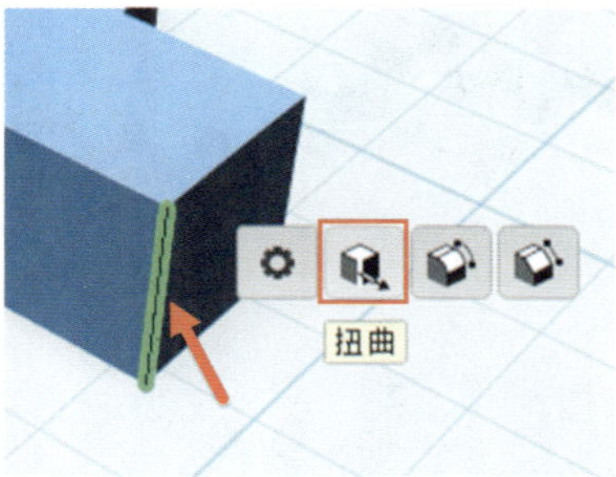

选中齿的边缘，点击快捷菜单中的“扭曲”，分别水平向里移动 1mm：

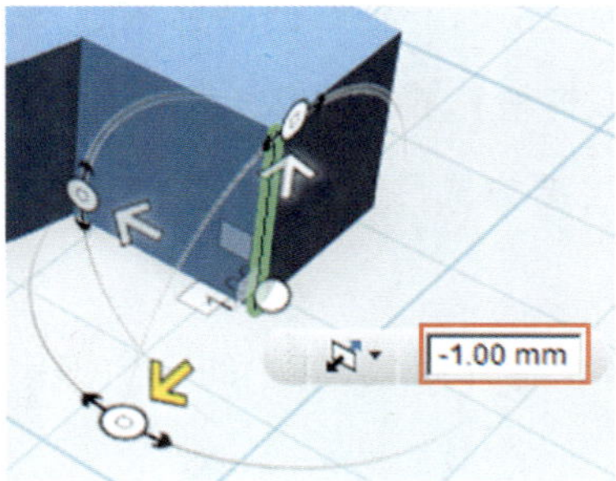

倒角：

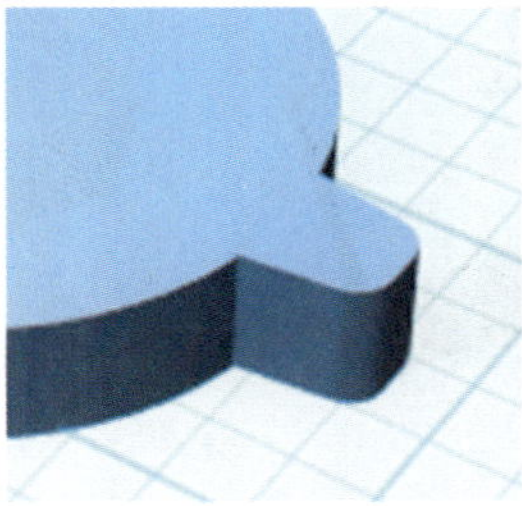

阵列 10 个齿：

再做 1 个直径为 80mm 的齿基，利用原有轮齿，阵列 20 个：

实例十八 榫卯

榫卯是在 2 个构件上所采用的一种凹凸结合的连接方式。凸出部分叫榫（或榫头），凹进部分叫卯（或榫眼、榫槽），榫和卯咬合，起到连接作用。榫卯是中国古代建筑、家具及其他木制器械的主要方式，结构稳固。

燕尾榫

最基本的榫卯结构由 2 个构件组成，其中的一个榫头插入另一个的卯眼中，使 2 个构件连接并固定。

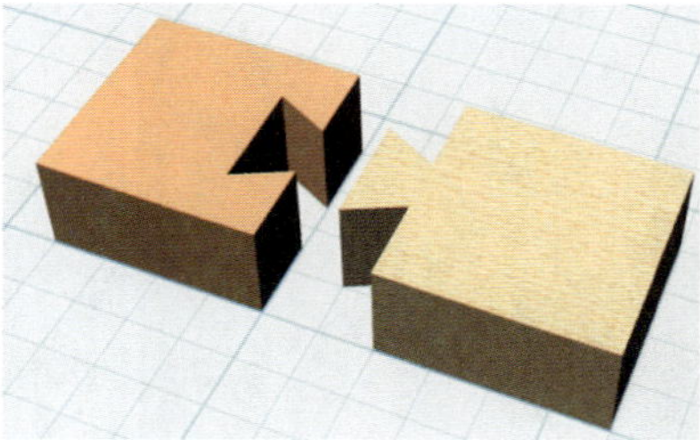

一组榫卯：

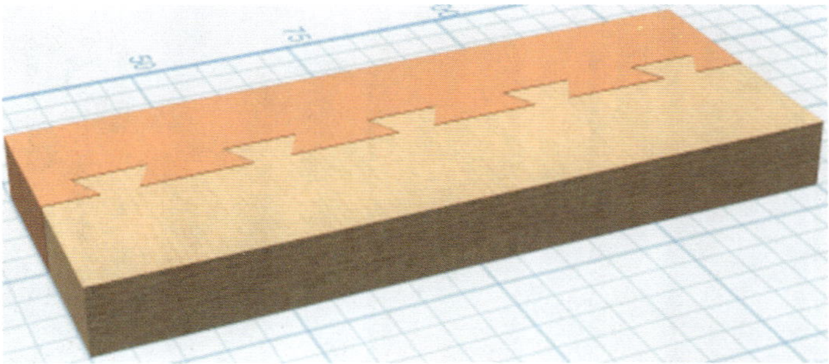

垂直榫卯：

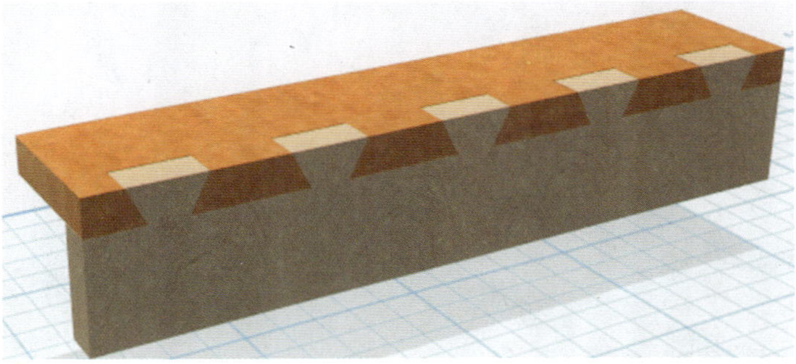

蝴蝶销：

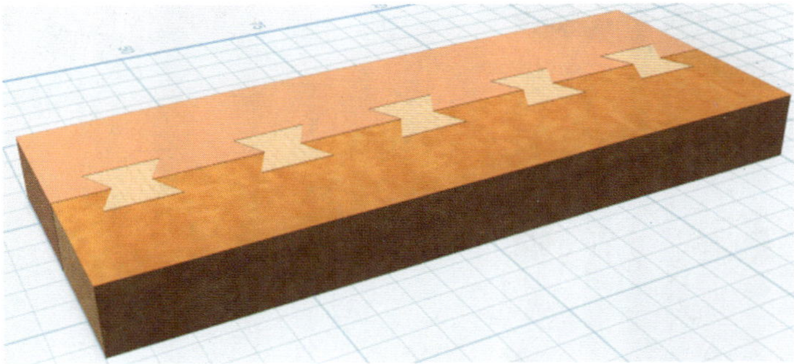

实例十九　鲁班锁

鲁班锁，也叫八卦锁、孔明锁，是中国古代民间智力玩具，来源于中国古代建筑中的榫卯结构。鲁班锁的种类繁多，千奇百怪，奥妙无穷，看似简单，却凝结着古人不平凡的智慧。其组装和拆卸都很讲究，只有唯一的解。

1. 扁平锁

由 3 块有缺口的构件组成：

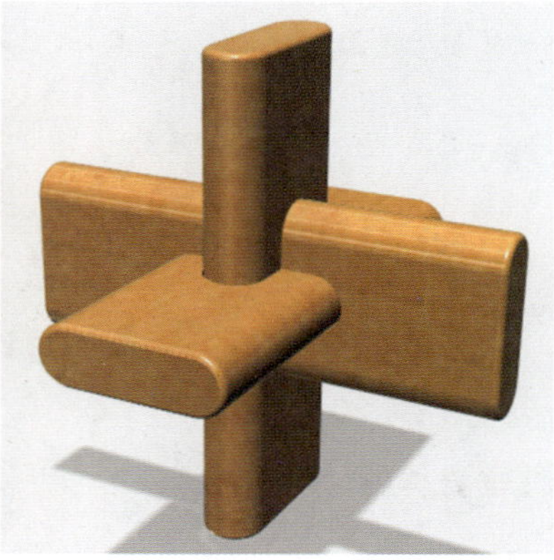

2. 方形锁

实例二十 万向轴

设计活动机构或动物作品时，希望关节能自由活动，就要用到万向轴。

放 1 个球，再复制 1 个，缩小一点：

用小球去分割大球，可以得到 1 个挖空的大球。

小强：只有 1 个球，看不到里面的球，分割不了！

【知识点 37】 重叠对象的选择

很多对象会重叠在一起，后面的难以选中。有一个办法，与手机类似：长按左键，出现菜单，重叠的对象都会出现。

点击球，按住不放，出现对象选项：

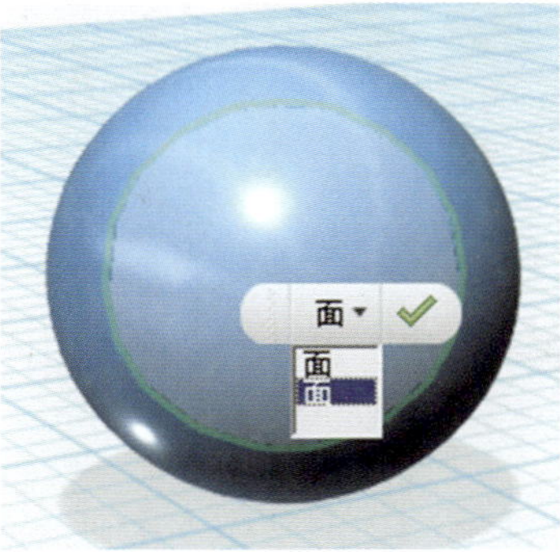

切去大球一部分，把小球拉小一点，做成万向轮：

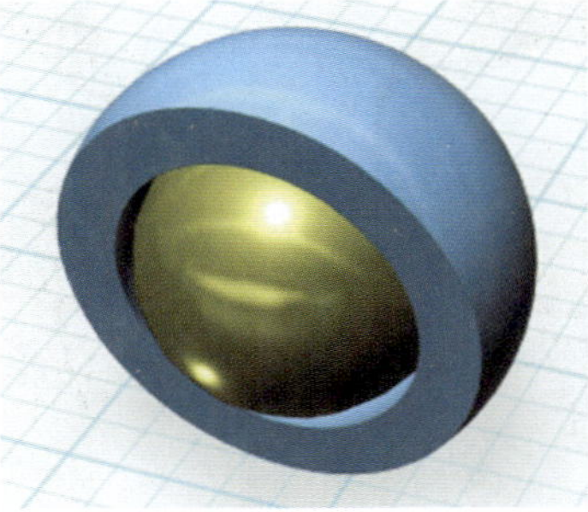

大小球各加 1 个柄，万向轴就做好了，可以大范围转动：

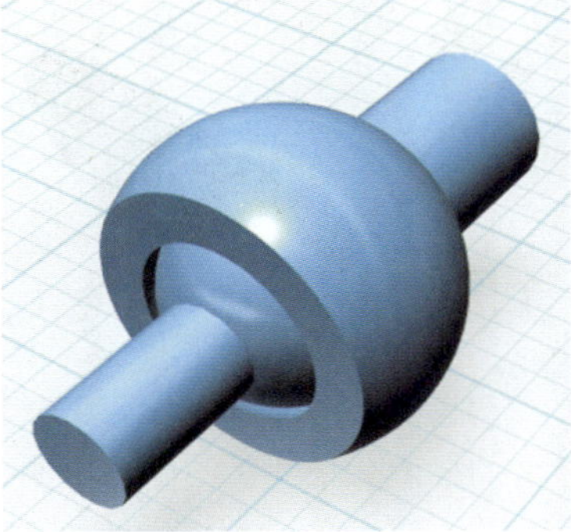

开几条缝，做成可拆卸万向轴：

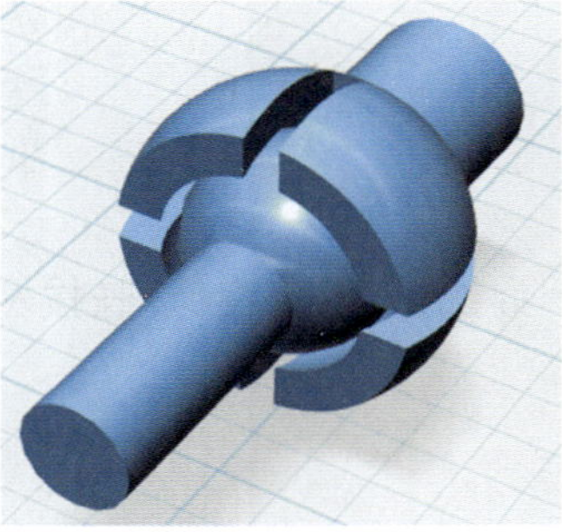

实例二十一 非常 3D

3D 打印的显著优势就是一次成型，可省去装配和连接。传统工艺无法做到的，对 3D 打印来说轻而易举。

1. 项链

2. 哨子

3. 算盘

作 业

1. 节能灯

2. 内齿轮

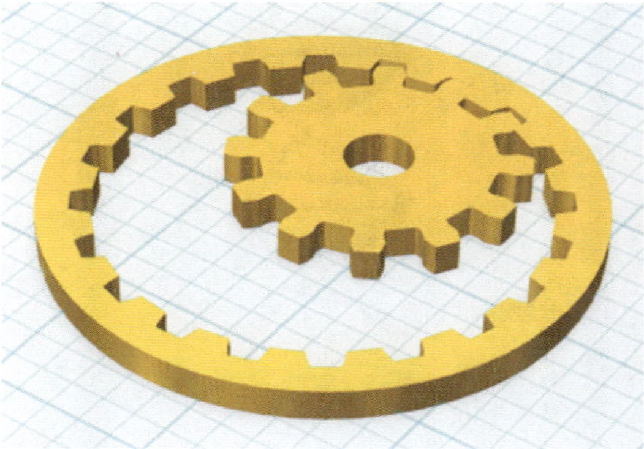

3. 可拆卸活页

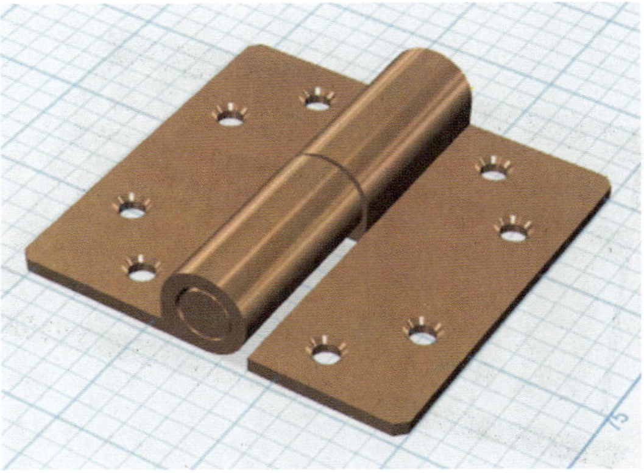

4. 小车

5. DNA

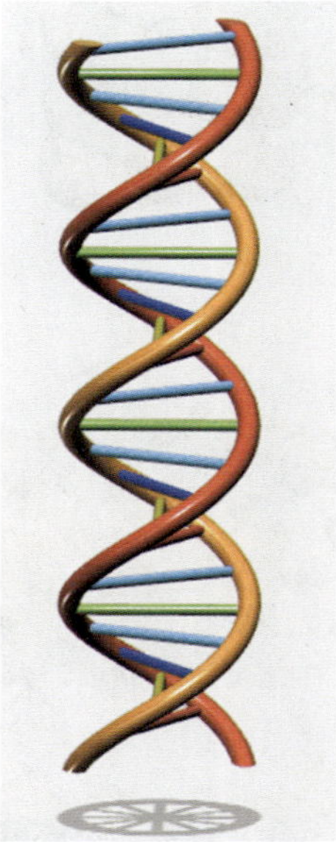

第 11 章

综合设计，创意无限

教学目标：打开脑洞，解放思维。

老师：今天我们的任务是毕业设计。

小强：我不知道设计什么！

老师：好吧，我先讲一个故事。

一、回形针的故事

1983 年，在南宁的创新思维国际研讨会上，日本学者村上幸雄先生出了一道题：请列举回形针的用法。听众议论纷纷：别讲义、做书签、当扣子……大约有 20 种。有听众问村上，您能说出多少种？村上说他能说出 300 多种。正当村上先生讲解它的用法时，有个听众发言说，他能说出 3000 种、30000 种！这个人就是“思维魔王”许国泰先生。

许先生是如何想到这么多种用法的呢？原来，他用的是一种独特的思维方法。

二、属性列举法

先不去想回形针有什么用，而是把回形针的各种属性列举出来，再去联想生活场景，比如：

形状属性：可以做各种图案、各国文字、数字、符号……

电磁属性：导线、开关、钥匙扣（可吸附在磁铁上）……

质量属性：砝码、坠子、配重……

弹性属性：弹簧、缓冲……

化学属性：铁元素，可以参与各种化学反应，比如与酸反应生成氢气，经空气氧化成铁锈……

装饰属性：项链、手链、耳环、流苏、门帘、发卡、个性礼品……

色彩属性：各种艺术作品、分类标签……

音乐属性：乐器、琴拨、音符……

可塑属性：扭成各种用具，比如环、钩、针、牙签、孔、笔……

如果我们仅从生活经验出发，去想象回形针的用法，思路是狭窄的，属性列举法则有效地拓宽了我们的思维。

每一个属性就是一个思维度，好比从一维空间，拓展到三维空间、四维时空，甚至无限的维度。

属性列举法实际上就是引导我们多角度观察和分析事物，让我们的思维像链式反应一样，爆炸增长，盛大开放。

开放的思维，是创新之源。

现在，我们以礼品设计为例，做一个思维训练。

三、思维练习

请列举礼品属性：

1. 功能属性

小强：我给爸爸公司做 1 个立体标志（标志）。

小明：我给妈妈公司做 1 个立体二维码钥匙扣（立体）。

小芳：我给爷爷做 1 个带手电的钥匙扣（发光）。

小美：我给弟弟做 1 个机器人（动态）。

……

2. 装饰属性

小强：我给妹妹做 1 个耳坠（发夹）（首饰）。

小明：我给姐姐做 1 个相框（摆件）。

小芳：我给妈妈做 1 个花瓶（爱好）。

小美：我给奶奶做 1 个按摩手镯（年龄）。

……

3. 个性化属性

小强：我想给老师设计 1 个印章（职业）。

小明：我想给爷爷设计 1 个按摩器（亲情）。

小芳：我想给叔叔阿姨设计 1 对鸳鸯，他们要结婚了（喜庆）。

小美：我想给弟弟设计 1 个生日礼物，上面有他的名字、星座、肖像（个性）。

……

4. 中国元素属性

小强：我要做 1 个中国结（装饰）。

小明：我要设计 1 个鲁班锁（智力玩具）。

小芳：我要设计 1 套生肖（生肖）。

小美：我要做 1 个九龙杯（科学玩具）。

……

5. 实用属性

小强：我想设计 1 个餐垫（餐具）。

小明：我想设计蛋糕（月饼）模具（食品）。

小芳：我想设计 1 套立体书签（书房）。

小美：我想设计 1 个戒指，能防治近视（保健）。

小花：我想设计 1 个矿泉水瓶扣，可以挂在书包上（小发明）。

……

老师：我们进一步把目标限定在 1 个主题上，请为老师设计 1 件教具。

四、主题设计

小芳：我设计的字母玩具，上面有磁铁，可以吸附在白板上（英语）。

小强：我设计的汉字偏旁组字玩具（汉字）。

小明：我设计的五线谱玩具（音乐）。

小美：我设计的算术玩具，可以做加减乘除（算术）。

小花：我设计的认识钟表玩具（时间）。

小丽：我设计的二进制玩具（计算机）。

小果：我设计的万花笔（美术）。

小刚：我设计的蒙台梭利教具——圆锥曲线（数学）。

小曼：我设计的椭圆规（数学）。

小月：我设计的化学分子结构（化学）。

小亮：我设计的仿制文物（考古）。

小红：我要做个立体地图（地理）。

……

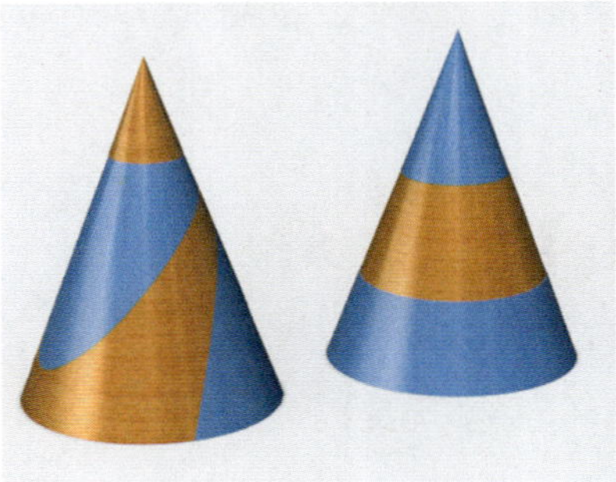

作业

完成毕业设计。

第12章 3D打印

12

教学目标:切片软件安装、参数设置、文件格式。

一、什么是切片

作品的打印,是由打印机完成的,但是如果把设计的作品直接输入打印机,是无法完成打印的。

这是怎么一回事?

打个比方,要建一幢房子,先要由设计师设计出房子的外观和结构,而设计师并不会建造房子,房子的建设要由建筑工人来完成。

问题是,建筑工人看不懂设计师的图纸,这时又有一个重要的人物登场了:建筑工程师。

建筑工程师把设计师的图纸翻译成建筑工人能看懂的施工图纸,指导建筑工人打地基、搭脚手架,一层层地往上建。

一个3D作品的完成,同样需要经过以上步骤:设计师软件建模,建筑工程师切片(施工图),建筑工人(3D打印机)开工。

切片软件有很多,我们学习其中一款:Cura。

二、软件获取

Cura是开源软件,读者可以到其官网进行下载。

三、安装

点击 Cura_(版本号).exe 可执行文件安装。注意:

(1)Cura 的安装目录不要包含中文路径。

(2)安装时会询问让 Cura 识别哪些文件格式,这里需要都选中。

(3)安装过程中会询问是否安装 Arduino 串口驱动程序(大多数打印机其实就是块 Arduino 单片机),点击"是"。

四、汉化

将汉化包复制到 Cura 安装目录,覆盖原始文件,重启。

点击 File (文件) Prefereneces(系统配置),Language(语言)选 Chinese,再重启。

Cura 的界面分为 2 部分,左边为配置区,右边为预览区:

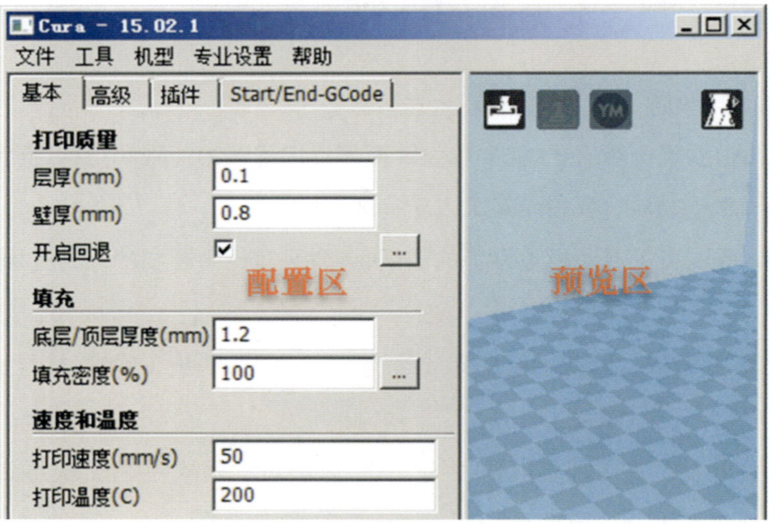

五、添加打印机

点击机型,添加机型:

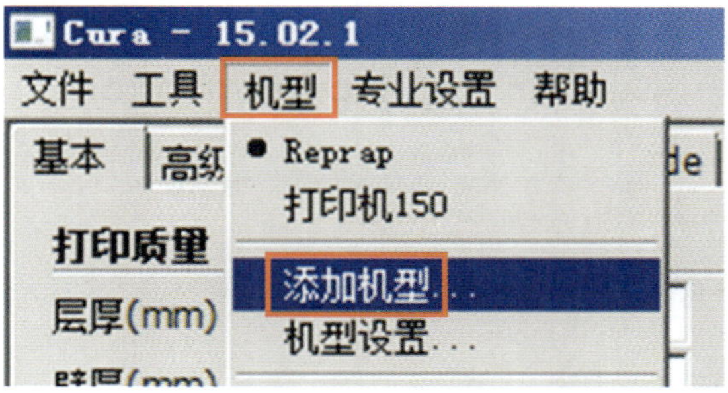

出现向导。上面都是外国品牌机，选“其他机型”：

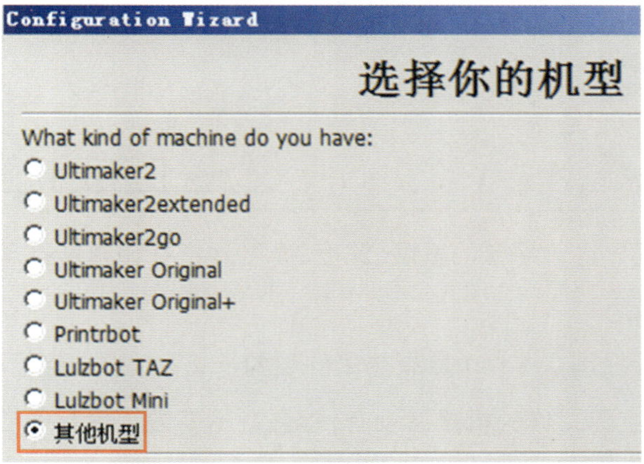

其他机器信息选“自定义”：

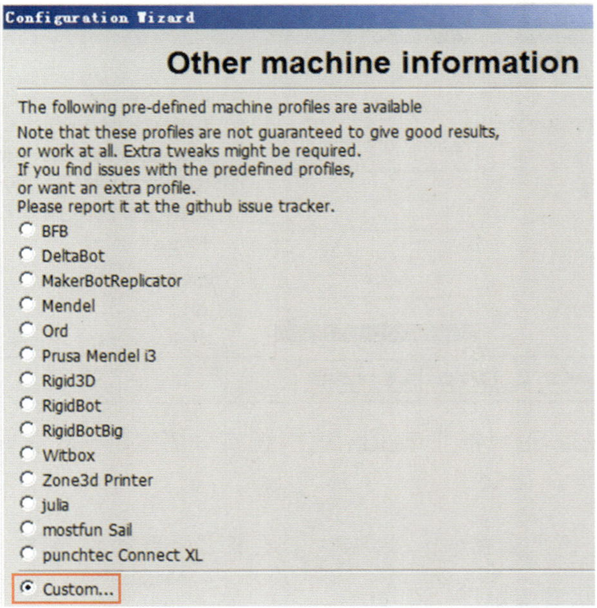

设置打印机参数：

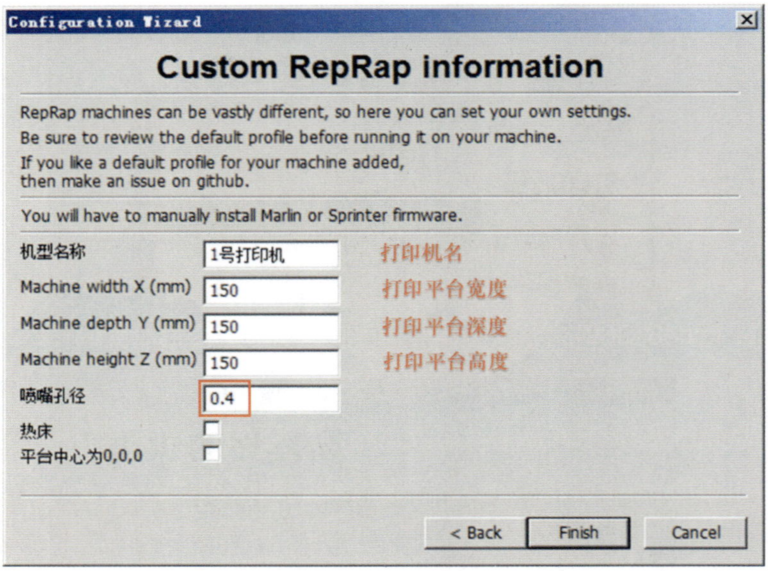

这一步很重要！打印平台的宽度、深度、高度是指打印机能打印的最大范围，一定要根据产品说明填写！

喷嘴孔径一般都是 0.4 mm。有热床的要勾选，没有的一定不要勾选，否则 Cura 一直在等加热，而实际上你的机器又没有，就进行不下去。平台中心是否为 0、0、0，一定要看产品说明。最后点击“Finish”（完成）。

再点击机型，进行机型设置：

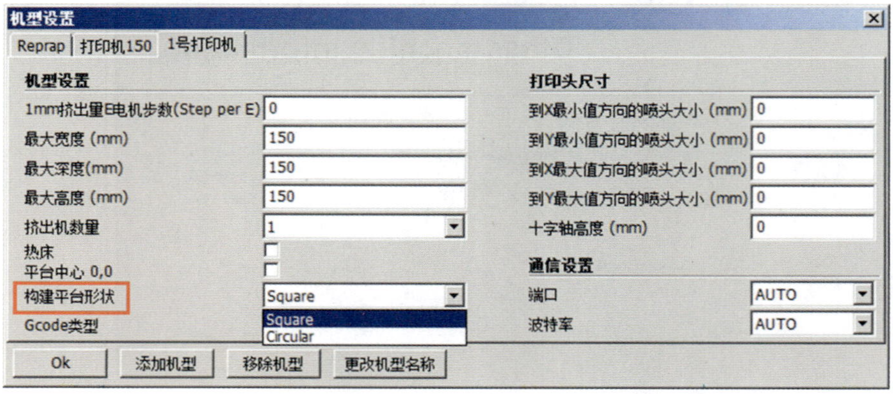

通过向导的设置，信息都显示在这里了，但有一个重要参数没有设置，就是构建平台形状！

如果你的打印机是盒式结构，喷头是沿 *X*、*Y*、*Z* 轴移动的，那它的构建平台就是方形的，构建平台形状要选矩形（Square）。

如果你的打印机是三角形结构（俗称三角洲），喷头是沿 3 根均匀分布的轴上下移动的，那它的构建平台就是圆形的，构建平台形状要选圆形(Circular)。点击“OK”，完成：

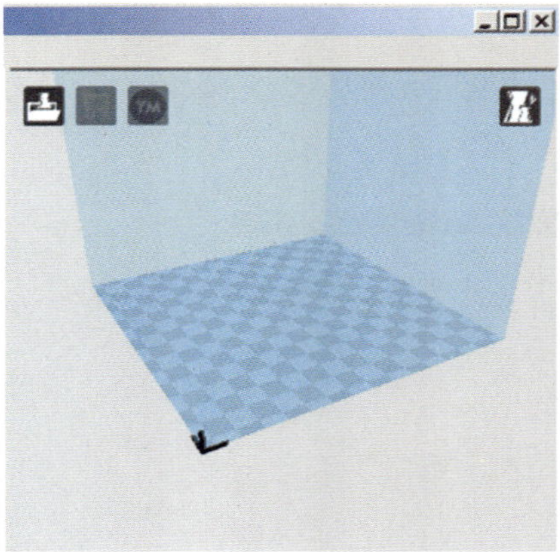

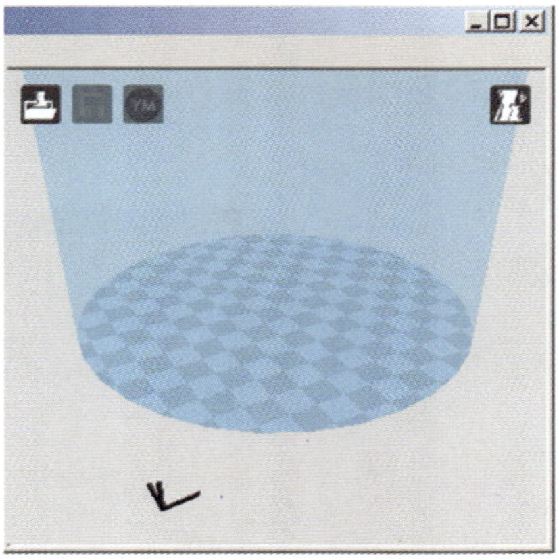

2种打印机外形对比如下：

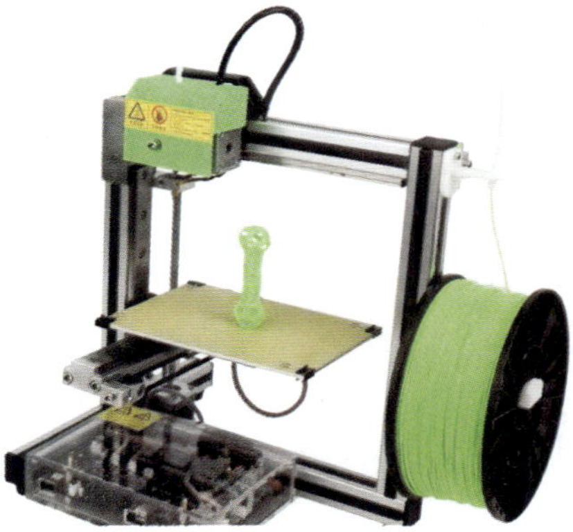

六、导入文件

点击“文件”，再点击“读取模型文件”，或者点击右边预览区的打开文件图标：

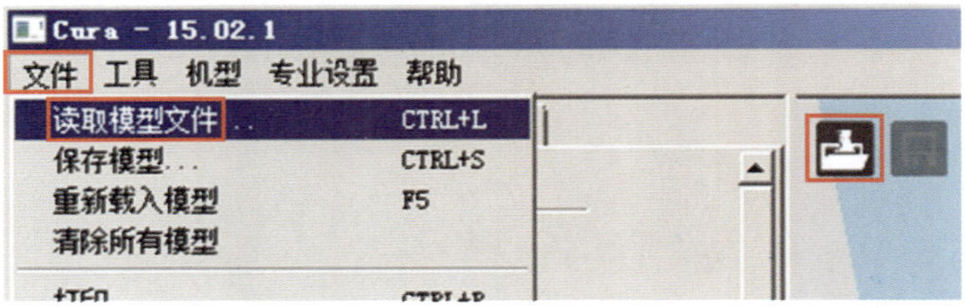

导入你要打印的文件切片。

七、文件格式

不同的设计师会用不同的三维软件建模，但建筑工程师（Cura）不可能都能识别。交给 Cura 的必须是标准文件，如.stl，.obj，.dae，.amf。因此，必须在设计软件中输出相应格式的文件。

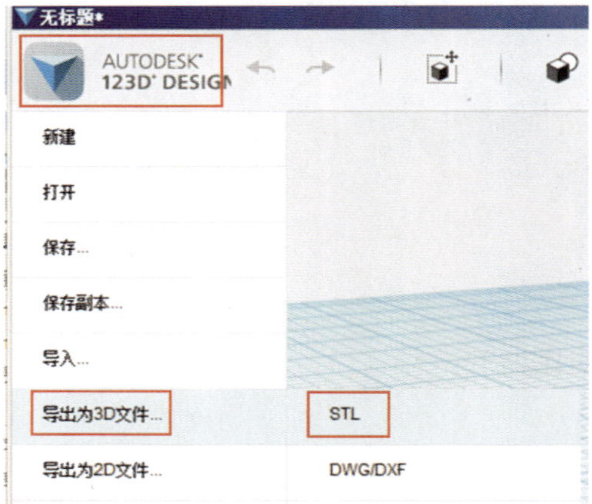

点击"OK"，输出为花瓶.stl：

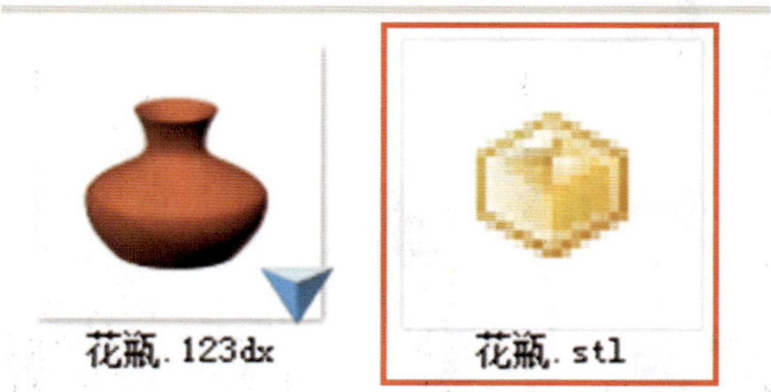

再在 Cura 中导入：

八、基本参数设置

层厚即每层打印厚度，层厚越小打印质量越好，通常设为 0.15mm。如果要快，可以设为 0.2mm，但是会以牺牲打印质量为代价。如果要质量好，可以设为 0.1mm。

打印材料直径一般为 1.75mm（重要），其他为默认。

九、打印

导入.stl 文件后，Cura 已经完成了切片，这个切片文件按照设置，详细地规划了打印机的所有动作，最终形成一种特殊的文件格式：.gcode。

如果你的打印机连接了电脑，并且安装了驱动程序，点击打印就行了；如果你的打印机没有连接电脑，就必须把 Cura 完成的切片文件保存在存储卡上，再插入打印机上打印。

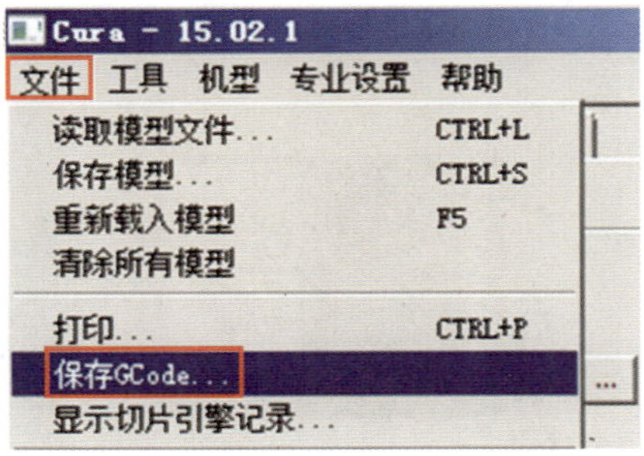

将存有切片文件的存储卡插入打印机的读卡器，选择 Print from SD，找到 gcode 文件打印。

十、视图操作

Cura 右边的视图区模拟了打印效果，鼠标左键可以拖动打印物体，右键可以改变视角，滚动中键滚轮可以缩放视图。选中物体，按 Delete 可以删除。与 123D Design 完全相同。

十一、调整打印尺寸

点击物体，视图区左下角会出现 3 个工具：

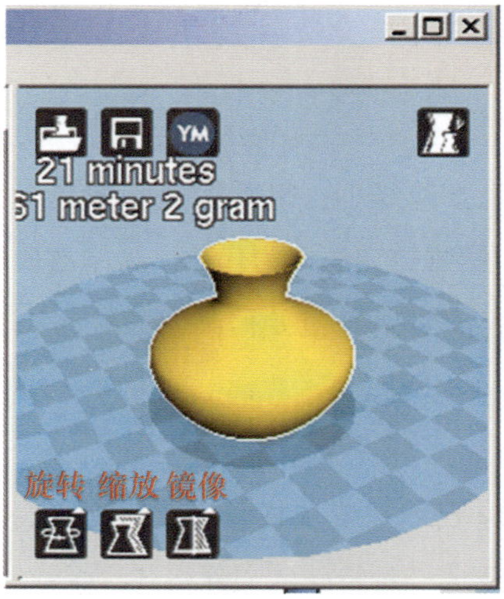

点击缩放：

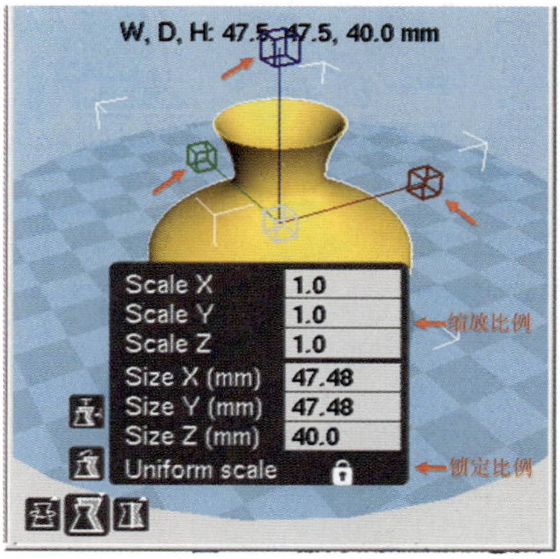

可以直接输入数值，也可以拖动小立方调整。

十二、平台粘附

为了保证打印过程中物体不出现滑动，要设置“粘附平台”：

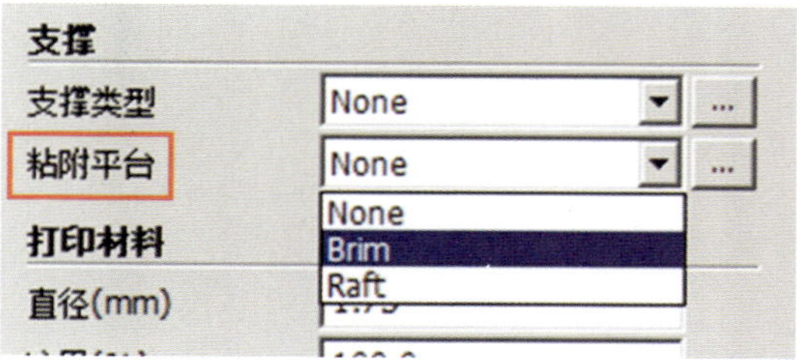

None：无；Brim：裙边；Raft：筏，底板。

小花：看不到裙边。

十三、视图模式

Cura 有 5 种视图模式，点击右上角：

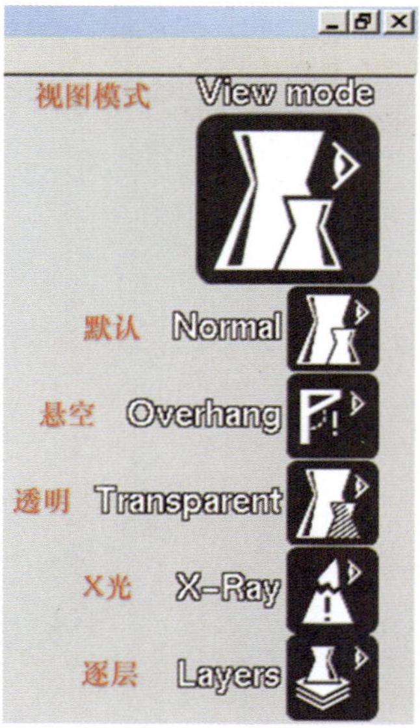

默认视图看不到裙边，切换到逐层模式，就可以看到了：

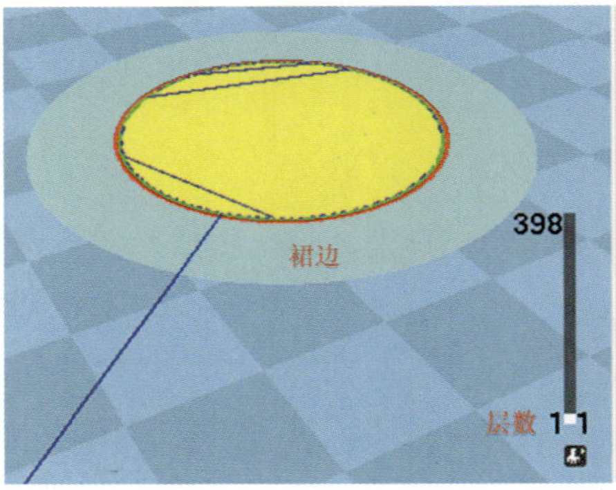

十四、填充

为了节省材料和时间，一般会把实心物体用支架填充，以保证其强度：

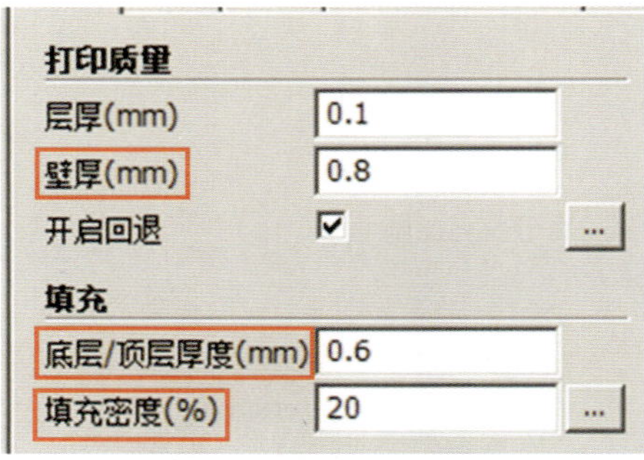

壁厚：外表厚度，必须是喷嘴直径的整数倍。

底层/顶层厚度：默认为0.6mm。

填充密度：默认为20%。100%为实心，0%为空心。

小明：老师，我的陀螺打不了。

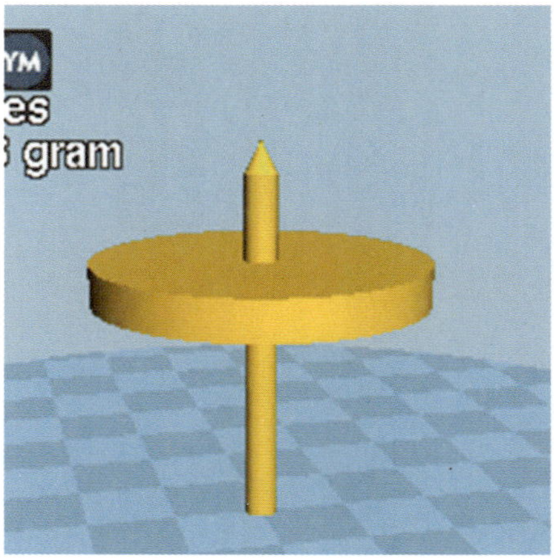

老师：这个肯定打不了。听说过空中楼阁没有？切换到悬空视图模式。

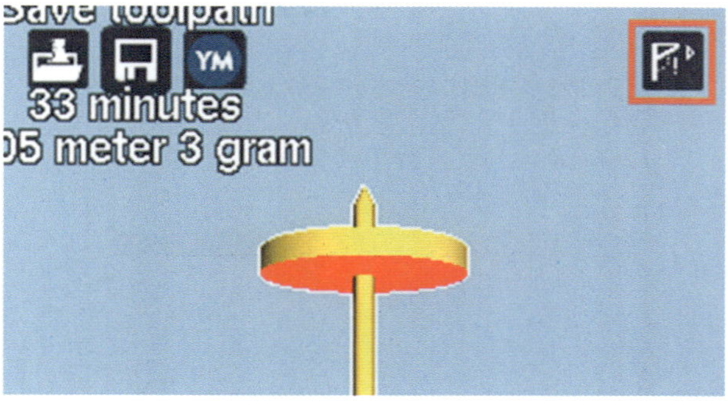

圆盘的底部全是红色，这是悬空警告，打印机打到这里，吐出的细丝无法附着，只会吐出一团乱麻！

小明：那怎么办？

老师：添加支撑！

十五、支撑

就像建筑工人做脚手架一样，完工后拆除就行。点击基本参数设置：

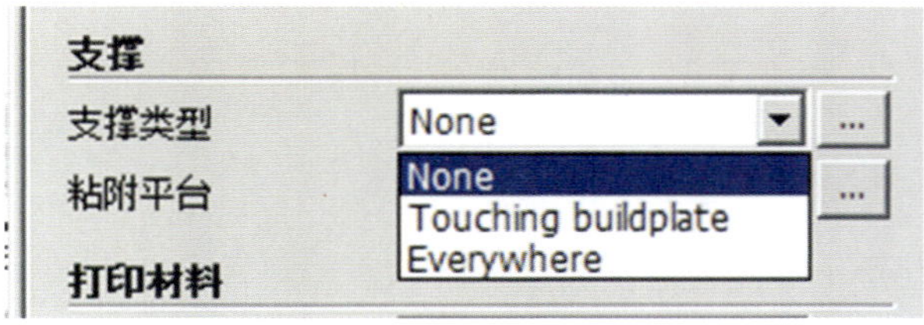

支撑类型：

(1) None ：无支撑；

(2) Touching buildplate ：接触平台支撑，自动计算外部需要的支撑；

(3) Everywhere：到处支撑，是指内部如果有需要，也会添加支撑。

小强：我想用 2 种颜色打印花瓶，行吗？

老师：你的打印机有 2 个喷头吗？

小强：没有。

老师：那就只能变通，使用插件。

十六、暂停

Cura 是开源的，允许任何人使用，也允许任何人修改，这正是它更新快和吸引人的地方。插件，就是第三方开发的实用工具。其中有一个功能，就是能暂停打印。点击“插件”，然后点击“Pause at height ”（在一定高度暂停），再点击“V”开启：

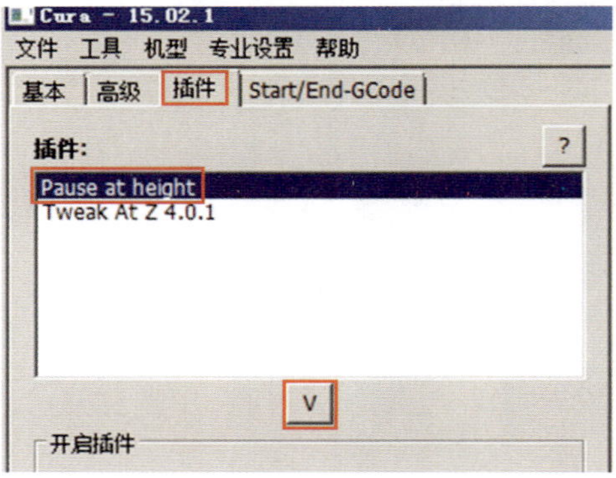

对话框：

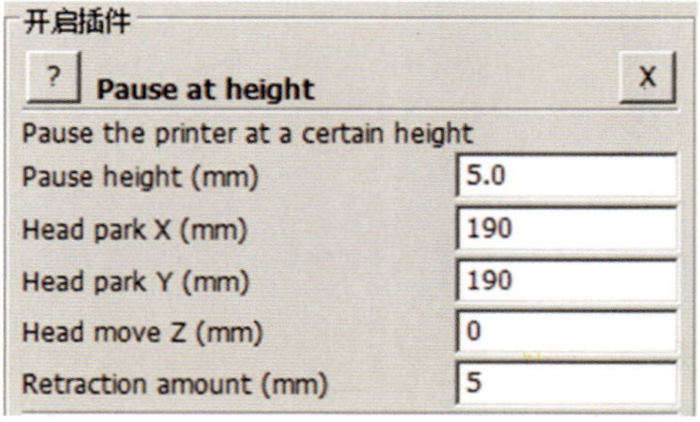

（1）Pause height：暂停高度；

（2）Head park *X*：暂停时 *X* 坐标；

（3）Head park *Y*：暂停时 *Y* 坐标；

（4）Head move *Z*：暂停时 *Z* 坐标移高；

（5）Retraction amount：暂停时回抽。

小强：这就能打双色的了吗？

老师：不能。但是到了特定的高度，打印机会停下来，自动移到一边。这时你就可以更换材料，就是可以实现双色了。

小明：放 1 个钢珠到球里，作为哨子或铃铛，神不知鬼不觉。也可以放磁铁之类的在里面。

注意：

（1）暂停后，更换材料完毕，必须按下打印机按钮选择继续打印。

（2）只能设置 1 次暂停。

(3)切片文件保存后记得点击"X"关闭特定高度暂停,以免影响后面不需要暂停的文件。

还有更强大的插件。

十七、平面转立体

Cura 支持的文件除了 * . stl * . obj 等三维文件,还支持 * . jpg * . png * . bmp 等平面图形文件。

将文件拖到 Cura 里,出现对话框:

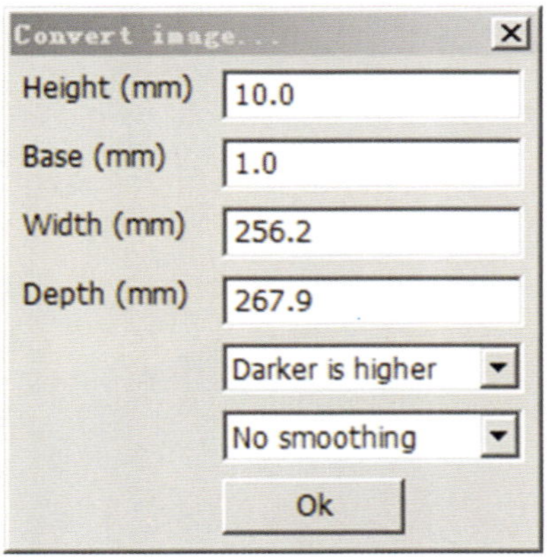

(1)Height:挤出高度;

(2)Base:底高;

(3)Width:宽度;

(4)Depth:深度;

(5)Darker is higher:暗的升高;

(6)Light is higher :亮的升高;

(7)No smoothing:不平滑;

(8)Light smoothing:轻微平滑;

(9)Heave smoothing:很平滑。

点"OK"确定:

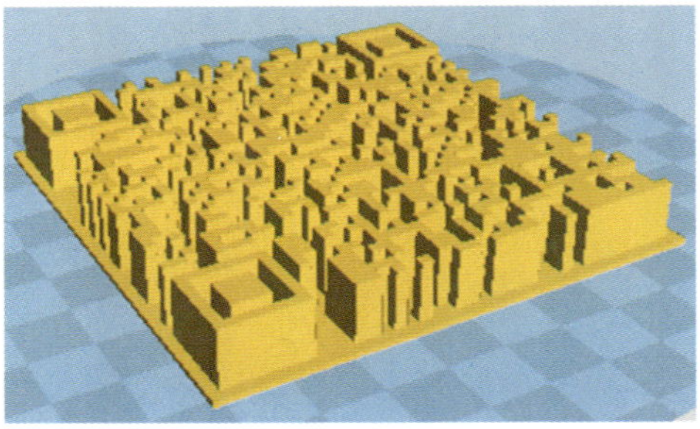

附录 1　知识点索引

第 6 章

第 7 章

第 8 章

第 9 章

第 10 章

附录 2　快捷键

熟练使用快捷键，可以大幅度提高建模速度，使设计更流畅。

1. 文件管理

FILE MANAGEMENT 文件管理		
CREATE NEW	新建	Ctrl + N
OPEN	打开	Ctrl + O
SAVE	保存	Ctrl + S
EXIT	退出	Ctrl + Q
3D PRINT> 3D DESKTOP PRINTER		Ctrl + P
MINIMIZE WINDOW	最小化	⊞ + ↓
OPEN HOTKEY DOC	热键文档	F1
CANCEL/EXIT COMMAND	取消操作	Esc

2. 常用快捷键

OTHER KEYS		
UNDO	撤消	Ctrl + Z
REDO	重做	Ctrl + Y
COPY	复制	Ctrl + C
PASTE	粘贴	Ctrl + V
SELECT ALL	全选	Ctrl + A NEW
GROUP	成组	Ctrl + G
UNGROUP	解组	Ctrl + Shift + G
DELETE	删除	Delete
TRANSFORM	变换	Ctrl + T
SCALE	缩放	S
SMART SCALE	智能缩放	Ctrl + B

3. 其他快捷键

TOOLS		
EXTRUDE 挤出	U	
SWEEP 扫掠	W	
REVOLVE 旋转	V	
LOFT 放样	L	
PRESS AND PULL 推拉	P	
TWEAK 扭曲	K	works on face/edge/vertex
SPLIT FACE 分割面	B	
FILLET 倒圆角	E	
CHAMFER 倒直角	C	
SPLIT SOLID 分割物体	Alt + B	
SHELL 抽壳	J	
RECTANGULAR PATTERN 方阵	N	

CIRCULAR PATTERN 圆阵	Shift + N	
PATH PATTERN 曲阵	Alt + N	
MERGE 合并	[	
SUBTRACT 切割	]	
INTERSECT 相交	\	
SEPARATE 分离（不相交物体）	Shift + P	
MEASURE 测量	Shift + M	
RULER 角尺	R	
ALIGN 对齐	A	
TEXT 文字	T	
SNAP 吸附	;	
MATERIAL 材质	`	
CONVERT MESH TO SOLID	M	转换面到实体

4. 单元操作

移动物体：

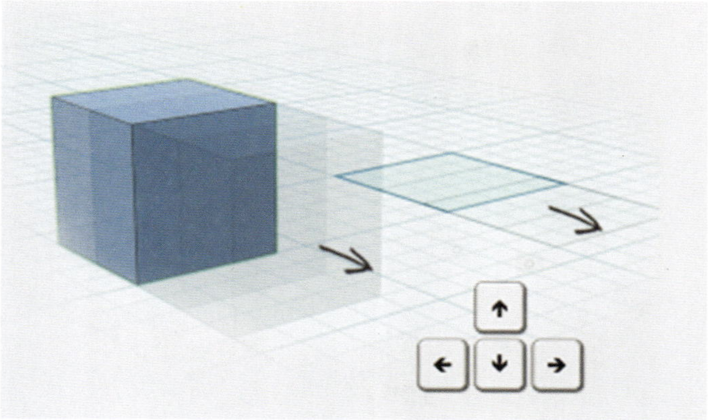

旋转物体：每按 1 次 *X* 键，逆时针旋转 45°；每按 1 次 Shift＋*X* 键，顺时针旋转 45°。*Y*、*Z* 轴类推。

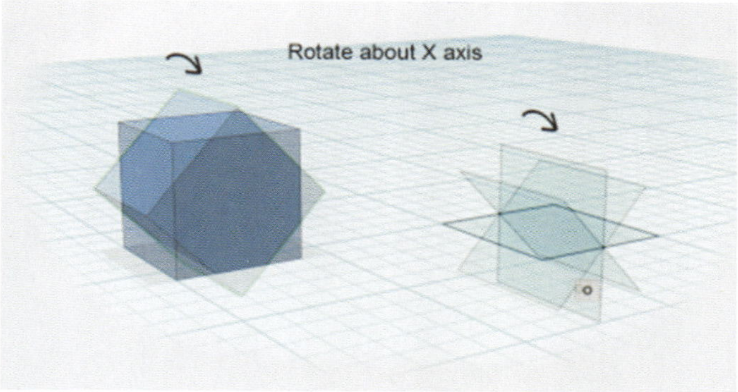

移动物体贴紧工作面：选中物体，按 D（英文状态）。

移动物体贴紧工作面中心：选中物体，按 Shift + D。

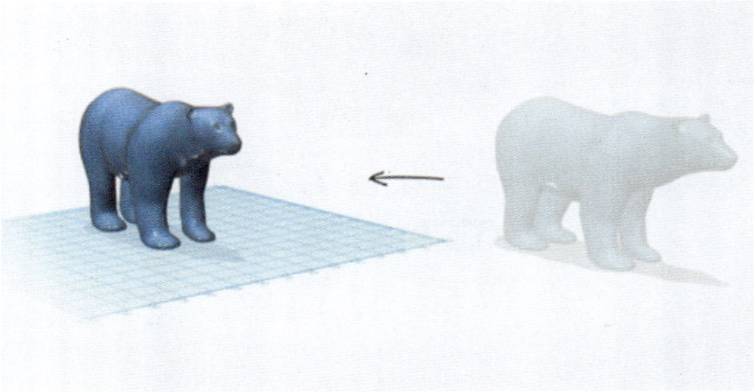

移动物体指定的面贴紧工作面：选中指定的面，按 D。

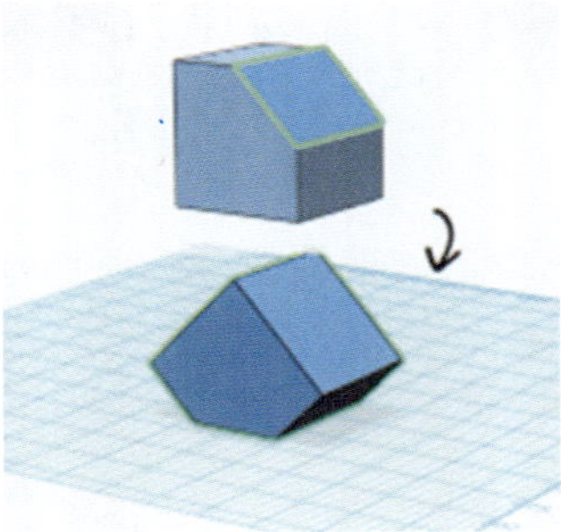

显示物体三维数据：选中物体，按 I。

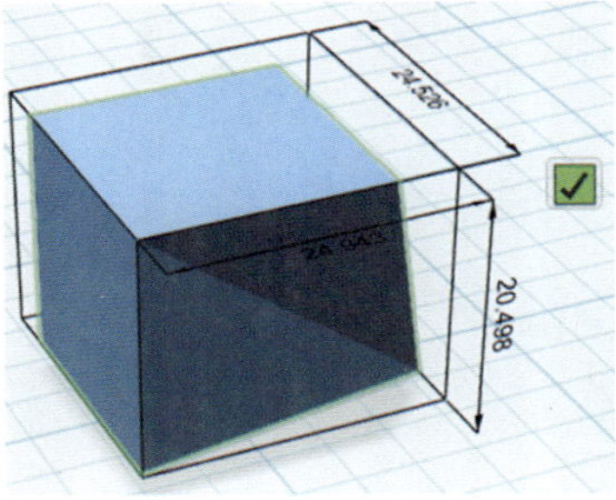

附录3 另类工具

1. 测量

放 1 个物体，点击测量工具，出现对话框：

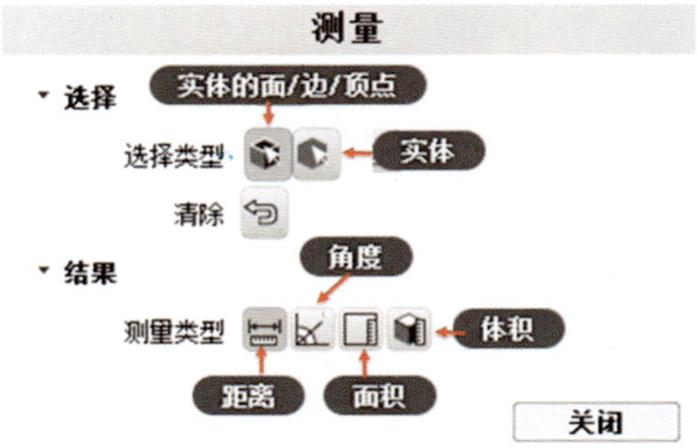

2. 标尺

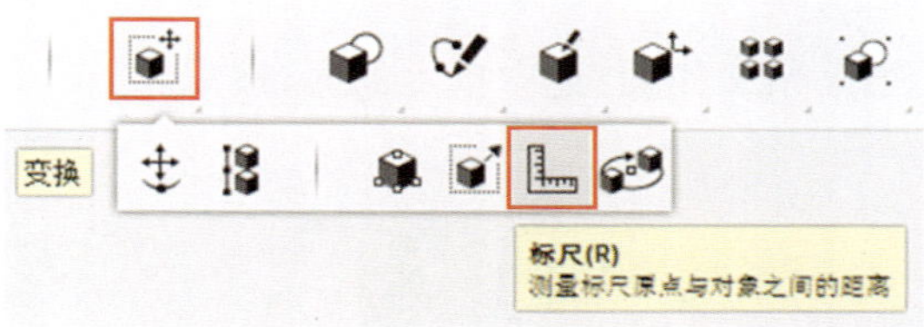

点击标尺，移到物体上，它会自动捕捉面、角、顶点，点击确定标尺位置：

再点击倾斜方块以确定测量对象，出现测量数据：

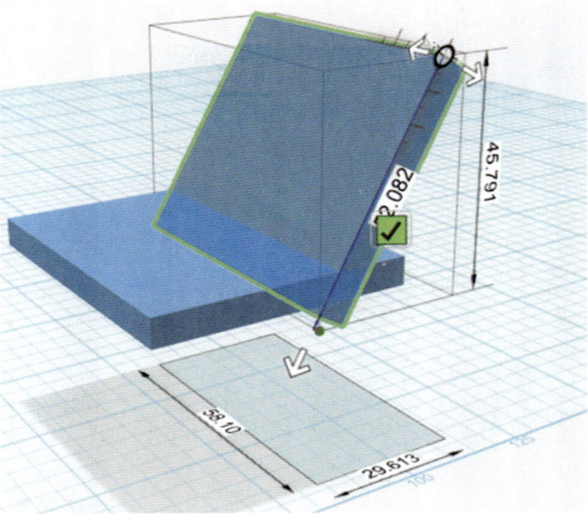

这些数据都可以点击修改。

拖动箭头，可以沿箭头方向精确移动测量对象：

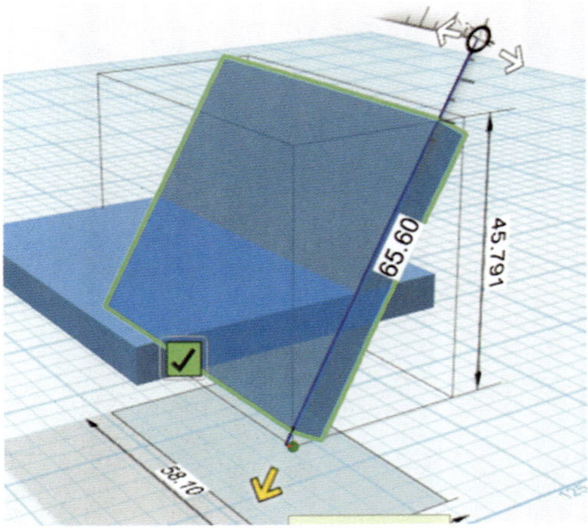

如果选择水平方块为测量物体，拖动箭头，则沿箭头方向移动水平方块：

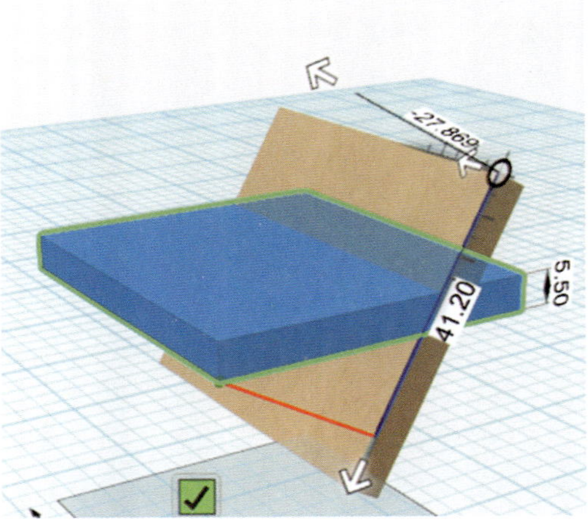

提示：移动或改变物体的大小时，标尺的位置没有变化，可见，标尺起到定位和参考的作用。标尺可以用来修改物体大小和在特定角度移动物体。操作完毕记得点绿色的勾或按回车键确认。

3. 智能旋转

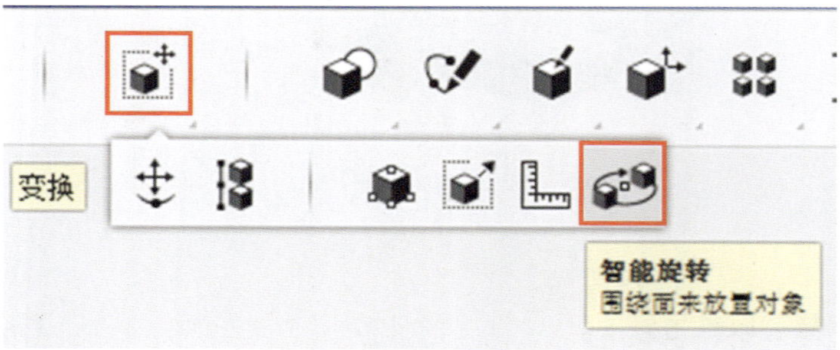

要做2件事：点击选择“参考面”和“旋转物”：

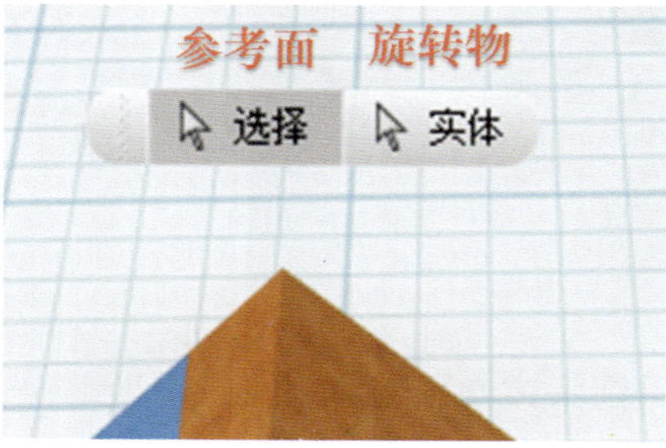

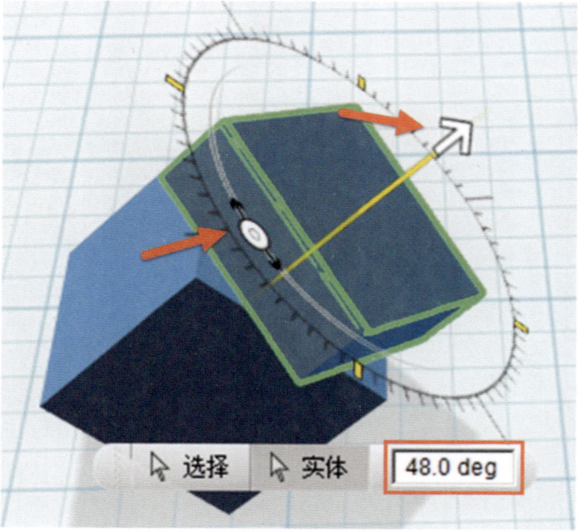

旋转的同时，还能平移。

4. 重定向

如果用移动工具完成上述任务会很难，因为它的坐标系是以默认工作面为参考建立的，如果在使用移动工具时能把坐标系建立在小方块上面，问题就可解决了。

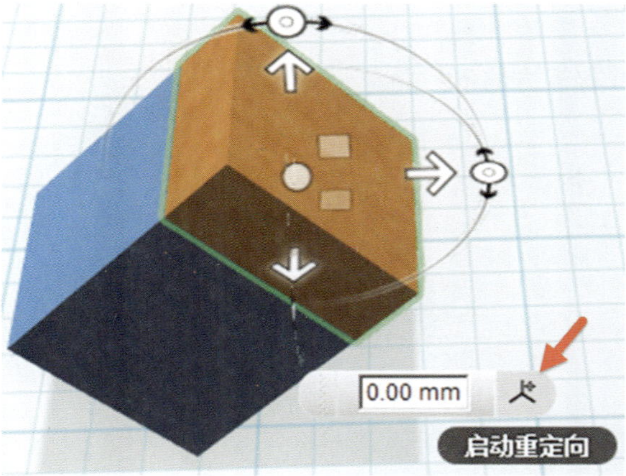

点击“重定向”，再点击小方块的上表面，就可以把坐标系建立在它上面，此时重定向的图标变了，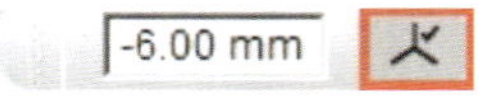

由 + 变为了√ ，在等待你确认。再次点击停止重定向，就可以以方块上的坐标系旋转和移动了。

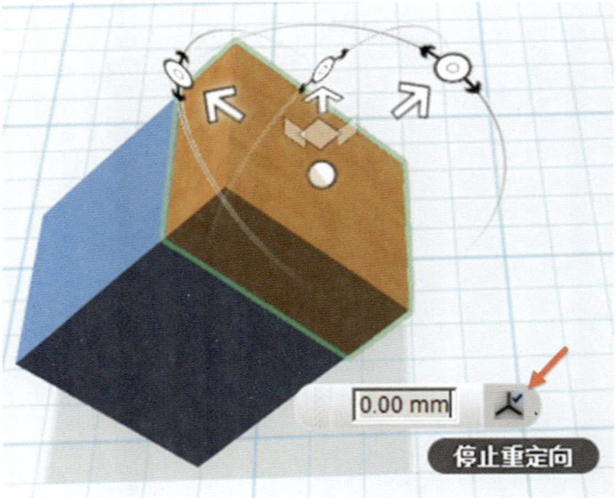

可以旋转，也可以移动：

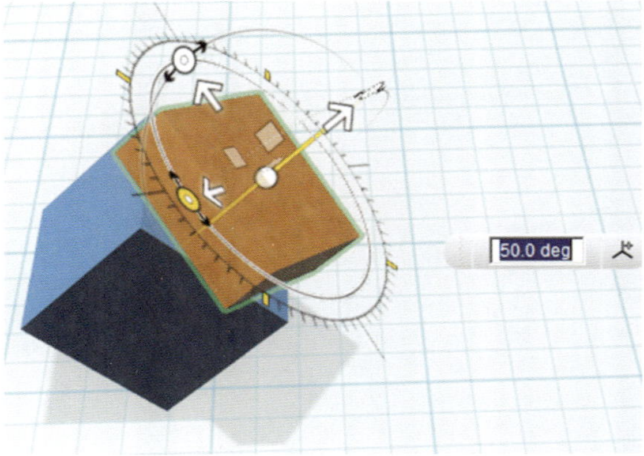

5. 正交视图

点击视图小立方右下方的下拉菜单：

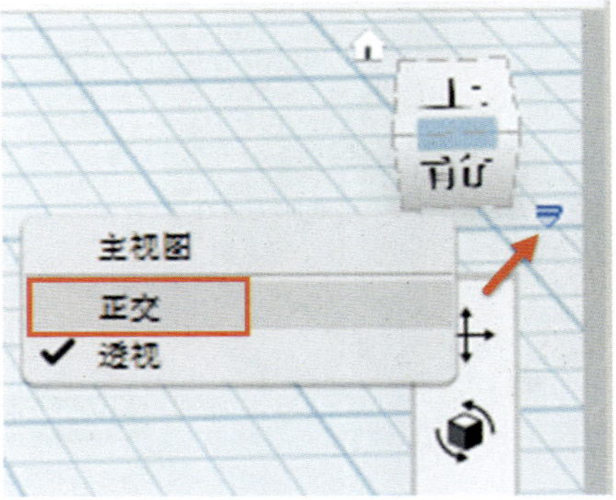

(1) 正交视图(远近的大小一样，方便前后准确对齐)；

(2) 透视图（远小近大，模拟眼睛的感受)。